Veröffentlichungen des Instituts
der Deutschen Forschungsgesellschaft für Bodenmechanik (Degebo)
an der Technischen Hochschule Berlin

===== Heft 7 =====

Bemerkungen über neuere Erddruckuntersuchungen

Von Geh. Regierungsrat Professor **Dr.-Ing. e. h. A. Hertwig**, Berlin

Modellversuche über das Zusammenwirken von Mantelreibung, Spitzenwiderstand und Tragfähigkeit von Pfählen

Von Dipl.-Ing. **Rudolf Müller**, Berlin

Über die Scherfestigkeit bindiger Böden

Von Dipl.-Ing. **Hamdi Peynircioğlu**, Istanbul

Mit 80 Textabbildungen

Berlin
Verlag von Julius Springer
1939

ISBN-13:978-3-7091-9552-9   e-ISBN-13:978-3-7091-9799-8
DOI: 10.1007/978-3-7091-9799-8

Alle Rechte, insbesondere das der Übersetzung
in fremde Sprachen, vorbehalten.

Copyright 1939 by Julius Springer in Berlin.

Inhaltsverzeichnis.

Bemerkungen über neuere Erddruckuntersuchungen.
Von Geh. Reg.-Rat Prof. Dr.-Ing. e. h. A. Hertwig, Berlin.

	Seite
Vorbemerkung	1
1. Die Terzaghische Erddrucktheorie	1
2. Die Versuchsergebnisse	2
3. Der Druck einer Schicht starrer Platten, die parallel zur Oberfläche liegen, auf eine stützende Wand	3
4. Der Druck einer Schicht starrer Platten, die parallel der Gleitfläche liegen	6
5. Der Druck einer Schicht starrer Platten, die unter einem beliebigen Winkel ε gegen die Waagerechte geneigt sind	7
Schlußfolgerungen	8

Modellversuche über das Zusammenwirken von Mantelreibung, Spitzenwiderstand und Tragfähigkeit von Pfählen.
Von Dipl.-Ing. Rudolf Müller, Berlin.

I. Einleitung	10
II. Schrifttum	10
III. Versuchsanordnung	11
A. Die zur Versuchsdurchführung notwendigen Geräte	11
B. Fehlerquellen	12
IV. Durchführung und Ergebnisse der Versuche	12
A. Vorversuche	12
B. Durchführung der Pfahlversuche	14
C. Ergebnisse und Auswertung der Versuche	17
a) Grenztragfähigkeit S. 17. — b) Verteilung der Grenztragfähigkeit des gesamten Pfahles auf Mantel und Spitze S. 17. — c) Widerstand des Pfahlmantels gegen Druck und Zug S. 21. — d) Abhängigkeit der Grenztragfähigkeit der Pfähle vom Boden und Pfahl S. 22.	
V. Berechnung der Tragfähigkeit von Pfählen	23
a) Abänderung der Dörrschen Formel unter Berücksichtigung der durch die vorstehend beschriebenen Modellversuche gewonnenen Erkenntnisse	23
b) Übertragung in die Wirklichkeit	26
VI. Zusammenfassung	26
Literaturverzeichnis	27

Über die Scherfestigkeit bindiger Bodenarten.
Von Dipl.-Ing. Hamdi Peynircioğlu, Istanbul.

I. Einleitung	28
II. Die Versuchsmaterialien und ihre Aufbereitungen	29
III. Beobachtungen beim Abscheren mit der Casagrandeschen Scherbüchse	29
IV. Ermittlung des Scherwiderstandes und des Winkels der inneren Reibung nach verschiedenen Bruchbedingungen	34
1. Die Coulombsche Bruchbedingung	34
2. Die Krey-Tiedemannsche Bruchbedingung	36
3. Die Bruchbedingung nach Hvorslev	36
4. Die Hysteresisschleife	36
V. Jürgensons Quetschversuch	37

VI. Ermittlung des Winkels der inneren Reibung beim Erzeugen der Gleitlinien auf der Probenoberfläche 39
    1. Stempelversuch 39
    2. Der Ausquetschversuch 40
    3. Durchführung der Versuche 43
    4. Störungen 43

VII. Die Versuchsergebnisse 44
    1. Die Abhängigkeit des Winkels der inneren Reibung von dem Verdichtungszustand 44
    2. Die Abhängigkeit des Scherwiderstandes von dem Verdichtungszustand 46
    3. Änderung des Scherwiderstandes zwischen Ausroll- und Fließgrenzen 47

VIII. Vergleich der Versuchsergebnisse 48
    1. Scherwiderstand 48
    2. Der Winkel der inneren Reibung 48
    3. Die Kohäsion 49

IX. Zusammenfassung 51

X. Schrifttum 52

Bemerkungen über neuere Erddruckuntersuchungen.

Von Geh. Reg.-Rat Prof. Dr.-Ing. e. h. A. Hertwig, Berlin.

Vorbemerkung.

In einer Reihe von Veröffentlichungen der letzten Zeit [1] wird an der Coulombschen Theorie des Erddruckes auf Stützmauern, besonders an der linearen Verteilung des Erddruckes über die Wand Kritik geübt. Diese Betrachtungen nehmen Bezug auf eine von Terzaghi auf der International Conference on Soil Mechanics and Foundation Engineering Cambridge, Mass., 1936, vorgetragene Erddrucktheorie, von der A. Casagrande in einem in Atlanta, Georgia, im Juni 1935 gehaltenen Vortrag [2] sagt: „Der bedeutendste Beitrag zur Bodenmechanik ist Terzaghis Erddrucktheorie, die für viele bisher widersprechende Beobachtungen der Größe und besonders der Verteilung des Erddruckes gegen Stützmauern und Zimmerungen in Schächten und im Tunnelbau eine Erklärung gibt." Als Bestätigung dieser Theorie werden mehrfach Steifenkräfte herangezogen, die Spilker [3] in einem Baugrubenausbau gemessen hat. Da aus der Terzaghischen Theorie schon weitgehende Folgerungen für die Praxis gezogen werden, scheint es angebracht, die Grundlagen dieser Theorie einmal zu prüfen und festzustellen, ob die Folgerungen für die Praxis brauchbar sind.

1. Die Terzaghische Erddrucktheorie.

Da der Konferenzbericht nicht allen zugänglich sein wird, sei die Terzaghische Theorie kurz dargestellt mit den Bezeichnungen des Konferenzberichtes. Terzaghi schneidet über die Breite des Erdkeiles ABC (Abb. 1) zwischen der Mauer und einer geneigten ebenen Gleitfläche ein Element von der Dicke dz heraus und setzt für die Kräfte q, dQ, dE und das Eigengewicht zwei Gleichgewichtsbedingungen, und zwar die zwei Komponentengleichungen, an. Die Schubspannungen zwischen den Schichten werden vernachlässigt. Die Gleichungen lauten

$$dE \cos \delta = dQ \sin \varepsilon_1 \quad \text{und}$$
$$\text{tg}\, \varepsilon\, (\gamma z\, dz + z\, dq + q\, dz) - dQ \cos \varepsilon_1 - dE \sin \delta = 0.$$

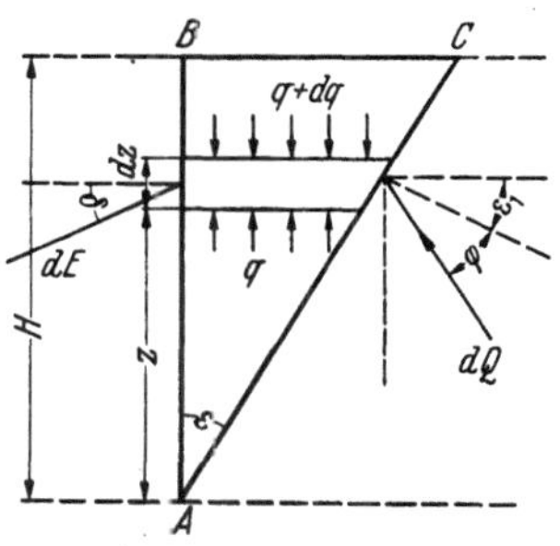

Statt der dritten Gleichgewichtsbedingung, der Momentengleichung, führt Terzaghi die Annahme ein:

$$dE \cos \delta = k_0 \left(1 + c_i \frac{z}{H}\right) q\, dz,$$

Abb. 1.

in der $k_0 = \dfrac{\text{tg}\, \varepsilon}{\text{tg}\, \delta + \text{co.g}\, \varepsilon}$ und c_i ein Festwert ist. Dann entsteht nach einfachen Zwischenrechnungen die Differentialgleichung

$$dq + dz \left(\gamma - \frac{c_i}{H} q\right) = 0$$

mit der Lösung

$$q = \frac{H\gamma}{c_i}\left(1 - e^{-c_i\left(1 - \frac{z}{H}\right)}\right),$$

wenn q an der Oberfläche Null ist.
Dann ist:

$$dE = \frac{k_0}{\cos \delta}\left(1 + c_i \frac{z}{H}\right) \frac{H\gamma}{c_i}\left(1 - e^{-c_i\left(1 - \frac{z}{H}\right)}\right) dz.$$

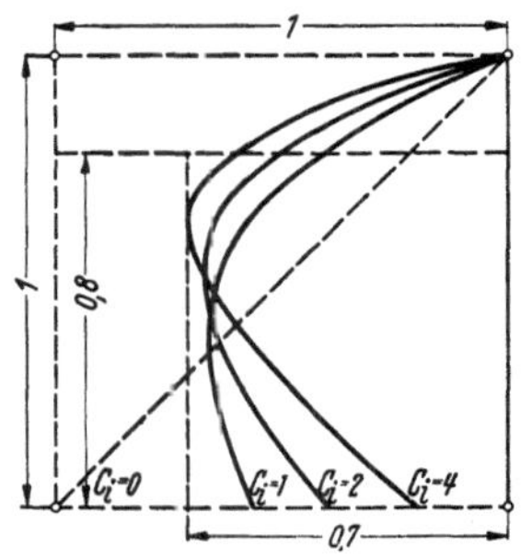

Abb. 2.

Je nach dem Werte für c_i erhält man die in Abb. 2 gegebenen Erddruckverteilungen.

---

[1] Rendulic, Leo: Der Erddruck im Straßenbau und Brückenbau. Berlin 1938. — Ohde, J.: Theorie des Erddruckes. Bautechn. 1938.
[2] Schriftreihe der Straße Nr. 3: Bodenmechanik und neuzeitlicher Straßenbau.
[3] Spilker, A.: Bautechn. 1937, Heft 1.

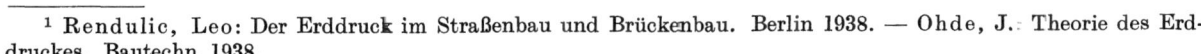

Terzaghi benutzt also die Coulombsche Annahme einer ebenen Gleitfläche, die so gegen die ebene Wandfläche geneigt ist, daß der Erddruck gegen die Stützmauer einen Höchstwert annimmt. Ebenso verfügt Terzaghi wie Coulomb frei über den Winkel δ zwischen dem Erddruck und der Wandnormalen, dagegen weicht er in einem wichtigen Punkt von der Coulombschen Theorie ab. Terzaghi behauptet unzutreffend, daß die Coulombsche Theorie außer der Annahme einer ebenen Gleitfläche noch eine weitere Annahme brauche, um die Verteilung des Erddruckes über die Mauer und die Gleitfläche zu bestimmen, während Winkler und Müller-Breslau bewiesen haben, daß aus der Annahme der ebenen Gleitfläche auch die lineare Verteilung des Erddruckes über die Gleitfläche folgt [1].

Terzaghi betrachtet nicht das Gleichgewicht am ganzen Erdkeil, oder am Volumenelement mit zwei Seiten, z. B. $dx\,dy$, sondern er schneidet, wie gesagt, aus dem Erdkeil einen Streifen über die ganze Breite des Erdkeiles mit einer Dicke dz (s. Abb. 1). Er zerlegt also den Erdkeil in dünne starre Platten und untersucht den Druck gleichsam einer Schicht dünner Bretter gegen eine Mauer. Er nimmt weiter an, daß sich der Druck q der Platten gegeneinander gleichmäßig über die Breite der Platten verteilt, und die Schubspannung zwischen den Platten vernachlässigt werden kann. Schließlich setzt er nur zwei Gleichgewichtsbedingungen für die Platten von der Dicke dz an, nämlich die beiden Komponentengleichungen. Statt der dritten Gleichgewichtsbedingung, der Momentengleichung, setzt er eine weitere willkürliche Annahme über den Zusammenhang zwischen dem Erddruck E und dem Flächendruck q. Diese drei Gleichungen reichen zur Bestimmung der Unbekannten E, Q und q aus, die Momentengleichung an der dünnen Platte wird aber nicht erfüllt. Diese Tatsache spricht zunächst nicht gegen die Theorie, wenn ihre Ergebnisse sonst den Versuchsergebnissen entsprechen würden. Denn auch in der Coulombschen Theorie wird die Bedingung, daß sich am ganzen Erdkeil das Gewicht G, der Erddruck E gegen die Mauer und der Erddruck Q gegen die ebene Gleitfläche in einem Punkte schneiden, nicht erfüllt, wenn man über den Winkel zwischen Erddruck und Mauer frei verfügt. Bei der Coulombschen Theorie weiß man aber, daß diese Unstimmigkeit für die Anwendbarkeit unwesentlich ist, weil die Ergebnisse der Theorie mit den Versuchen gut übereinstimmen. Der Mangel der Coulombschen Theorie wird behoben, wenn man beachtet, daß der Teil der Gleitfläche, der sich an den Fuß der Mauer anschließt, nicht eben ist. Die Bedeutung des sog. Widerspruches in der Coulombschen Theorie ist klar zu übersehen. Bei der Terzaghischen Theorie ist die Bedeutung des Widerspruches mit den Gleichgewichtsbedingungen nicht so durchsichtig, deshalb soll sein Ansatz in der folgenden Untersuchung geprüft werden.

2. Die Versuchsergebnisse.

Terzaghi baute seine Erddrucktheorie auf Messungen auf, die er nach seinen Angaben in Vorlesungen an der Technischen Hochschule Berlin 1935/36 in Amerika an Baugrubenaussteifungen angestellt hat. Als Beweis für die Richtigkeit der Terzaghischen Theorie werden neuerdings die schon erwähnten Messungen Spilkers[2] an den Steifen der U-Bahnbaugrube in der Hermann-Göring-Straße benutzt. Diese Messungen sind sicher richtig. Sie geben aber nur die Spannkräfte der Steifen an. Aus dem Verlauf dieser Steifenkräfte 1 bis 4 (Abb. 3) in den verschiedenen Tiefen der Baugrube ohne weiteres Schlüsse über die Verteilung des Erddruckes zu ziehen, ist sicher bedenklich. Die Steifenlagen, z. B. die zweite, wird eingebaut, wenn der Boden genügend tief unter der einzubauenden Lage ausgehoben ist. Beim Einbau werden die Steifen durch Keile festgetrieben. Dieser Einbau macht es mindestens wahrscheinlich, daß die Steifenkräfte keineswegs rein den Erddrücken auf die Wand entsprechen. Alle Versuche über den Erddruck auf Stützwände, die an Modellen der verschiedensten Größen von Cramer[3] bis zu Müller-Breslau mit Sand ausgeführt wurden, geben mit großer Genauigkeit eine lineare Verteilung des Erddruckes über die Wand. Wir haben wiederholt am Müller-Breslauschen Erddruckapparat, der mit Sand gefüllt war, gemessen und stets den Angriffspunkt des Erddruckes E recht genau im unteren Drittelpunkt der Wandhöhe gefunden. Auch aus diesen Versuchen, deren Bedingungen klar übersehbar sind, muß man den Schluß ziehen, daß Terzaghi und Spilker nicht allein die Verteilung des Erddruckes auf die Wand gemessen haben. Die Erddruckbelastungen in den Steifen werden durch andere Kräfte überlagert, die beim Einbau der Steifen entstehen. Diese werden natürlich von Terzaghi und Spilker mit gemessen. Allerdings ist es möglich, daß auf Baugrubenwände noch Erddrücke besonderer Art einwirken, die durch die Terzaghische Theorie erfaßt werden könnten. Auf diesen Punkt komme ich später noch zurück.

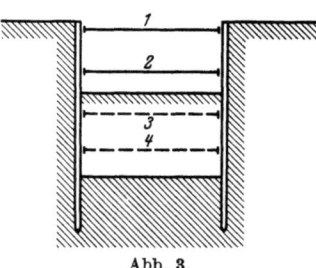

Abb. 3.

---

[1] Reißner: Encyklop. d. Math. und Mech. Theorie des Erddruckes, S. 409.
[2] Siehe Fußnote 3 S. 1.   [3] Siehe Fußnote 1 S. 1.

3. Der Druck einer Schicht starrer Platten, die parallel zur Oberfläche liegen, auf eine stützende Wand.

Dem Gedankengang Terzaghis folgend, wollen wir ein Volumenelement von der Breite des Erdkeiles betrachten und unter Berücksichtigung der Reibung zwischen den Platten das Kräftespiel ohne eine besondere Annahme über den Zusammenhang zwischen E und q untersuchen. Als Unbekannte erscheinen die Elementardrücke dE und dQ auf die Mauer und die angenommene ebene Gleitfläche und drittens der Druck q zwischen den Platten, dessen gleichmäßige Verteilung über die Breite des Keiles wir vorläufig noch annehmen wollen. Dann genügen die drei Gleichgewichtsbedingungen zur Berechnung der drei Unbekannten dE, dQ und q. Wir wollen gleich den allgemeinsten Fall einer Mauer mit dem Neigungswinkel α und einer Oberfläche mit dem Winkel β gegen die Waagerechte betrachten; die ebene Gleitfläche steige unter dem Winkel φ an (Abb. 4).

Das Gewicht des Volumenelements ist:

$$dG = \gamma z \frac{\sin(\alpha - \varphi)}{\sin(\varphi - \beta)} \sin(\alpha - \beta) \, dz \quad \text{und} \quad dz \frac{\sin(\alpha - \varphi)}{\sin(\varphi - \beta)}$$

die Zunahme der Keilbreite.

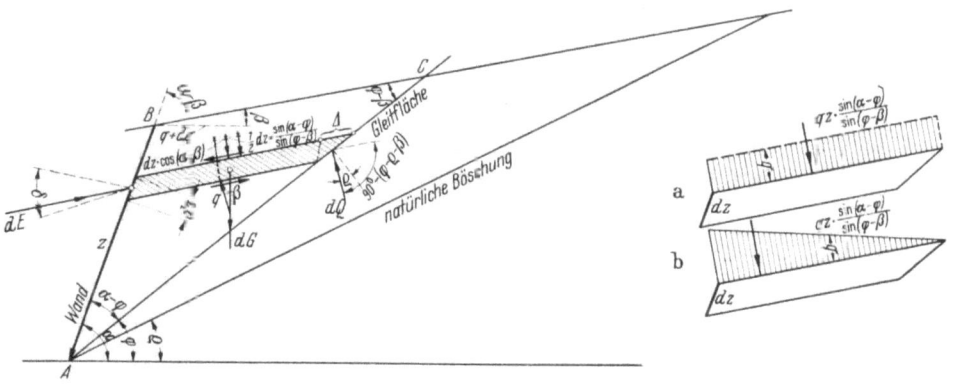

Abb. 4.

Die zwei Komponentengleichungen lauten:

$$dG \cos\beta + (q\,dz + z\,dq)\frac{\sin(\alpha - \varphi)}{\sin(\varphi - \beta)} + dE \cos(\alpha - \beta + \delta) - dQ \cos(\varphi - \varrho - \beta) = 0.$$

$$dG \sin\beta + (q\,dz + z\,dq)\frac{\sin(\alpha - \varphi)}{\sin(\varphi - \beta)} \mathop{\rm tg}\varrho - dE \sin(\alpha - \beta + \delta) + dQ \sin(\varphi - \varrho - \beta) = 0.$$

Wird aus den Gleichungen dQ entfernt und dG eingesetzt, so ist:

$$dE = \gamma \frac{\sin(\alpha - \varphi)\sin(\alpha - \beta)\sin(\varphi - \varrho)}{\sin(\varphi - \beta)\sin(\alpha + \varrho + \delta - \varphi)} z\,dz + d(qz)\frac{\sin(\alpha - \varphi)}{\cos\varrho \sin(\alpha + \varrho + \delta - \varphi)}$$

(1)
$$dE = a\gamma z\,dz + b\,d(qz)$$

mit

(2)
$$\begin{cases} a = \dfrac{\sin(\alpha - \varphi)\sin(\alpha - \beta)\sin(\varphi - \varrho)}{\sin(\varphi - \beta)\sin(\alpha + \varrho + \delta - \varphi)} \\ b = \dfrac{\sin(\alpha - \varphi)}{\cos\varrho \sin(\alpha + \varrho + \delta - \varphi)}. \end{cases}$$

Nach der Integration zwischen den Grenzen $z = 0$ und $z = h$ ist:

(3)
$$E = \left(a\gamma \frac{z^2}{2} + b\,qz\right)\Big|_{z=0}^{z=h}.$$

Die Momentengleichung liefert q unter der Voraussetzung gleichmäßiger Verteilung des Druckes (Abb. 4a).

$$dE \cos(\alpha - \beta + \delta) + \frac{z}{2}\frac{\sin(\alpha - \varphi)}{\sin(\varphi - \beta)} dq + q\mathop{\rm tg}\varrho \sin(\alpha - \beta)\,dz - q\,dz\left[\cos(\alpha - \beta) + \frac{1}{2}\frac{\sin(\alpha - \varphi)}{\sin(\varphi - \beta)}\right]$$
$$+ dG \frac{\cos\beta}{2} = 0.$$

Wird dE eingesetzt, entsteht

$$\gamma z\,dz\left[a\cos(\alpha - \beta + \delta) + \frac{\cos\beta}{2}\frac{\sin(\alpha - \varphi)}{\sin(\varphi - \beta)}\sin(\alpha - \beta)\right] - z\,dq\left[b\cos(\alpha - \beta + \delta) + \frac{\sin(\alpha - \varphi)}{2\sin(\varphi - \beta)}\right]$$
$$+ q\,dz\left[b\cos(\alpha - \beta + \delta) + \mathop{\rm tg}\varrho \sin(\alpha - \beta) - \frac{2\cos(\alpha - \beta)\sin(\varphi - \beta) + \sin(\alpha - \varphi)}{2\sin(\varphi - \beta)}\right] = 0$$

oder

(4) $$A z \frac{dq}{dz} + Bq + \gamma C z = 0$$

(5) $$\begin{cases} A = b \cos(\alpha - \beta + \delta) + \frac{\sin(\alpha - \varphi)}{2 \sin(\varphi - \beta)} \\ B = b \cos(\alpha - \beta + \delta) - \frac{\sin(\alpha - \varphi)}{2 \sin(\varphi - \beta)} - \frac{\cos(\alpha - \beta + \varrho)}{\cos \varrho} \\ C = a \cos(\alpha - \beta + \delta) + \frac{\cos \beta \sin(\alpha - \varphi) \sin(\alpha - \beta)}{2 \sin(\varphi - \beta)}. \end{cases}$$

Setzt man $q = uv$, dann ist die Lösung der Differentialgleichung in bekannter Weise möglich:

(6) $$q = -\frac{\gamma C z}{A + B} + k z^{-\frac{B}{A}}.$$

k wird aus der Bedingung $q = -q_0 \cos \beta$ für $z = h$ bei gleichmäßiger Belastung der Oberfläche mit q_0 bestimmt:

(7) $$\begin{cases} k = \left(\frac{\gamma C h}{A + B} - q_0 \cos \beta\right) h^{\frac{B}{A}} \\ q = -\frac{\gamma C}{A + B}\left[z - h\left(\frac{h}{z}\right)^{\frac{B}{A}}\right] - q_0 \cos \beta \left(\frac{h}{z}\right)^{\frac{B}{A}}. \end{cases}$$

Man kann auch für eine andere Verteilung der q die Momentengleichung aufstellen. Für eine lineare Verteilung (Abb. 4b) ändern sich nur die Ausdrücke A und B in:

$$A = b \cos(\alpha - \beta + \delta) + \frac{2}{3} \frac{(\sin \alpha - \varphi)}{(\sin \varphi - \beta)},$$
$$B = b \cos(\alpha + \beta - \delta) - \frac{1}{3} \frac{\sin(\alpha - \varphi)}{\sin(\varphi - \beta)} - \frac{\cos(\alpha - \beta + \varrho)}{\cos \varrho}.$$

Bildet man den Ausdruck

$$qz = \left| -\frac{\gamma C}{A + B}\left[z^2 - h^{\frac{A+B}{A}} z^{\frac{A-B}{A}}\right] - q_0 \cos \beta \, h^{\frac{B}{A}} z^{\frac{A-B}{A}} \right|_0^h$$

und setzt ihn in die Gl. (3) ein, dann ist:

(8) $$E = \left| \frac{a \gamma z^2}{2} - \frac{b \gamma C}{A + B}\left[z^2 - h^{\frac{A+B}{A}} z^{\frac{A-B}{A}}\right] - q_0 b \cos \beta \, h^{\frac{B}{A}} z^{\frac{A-B}{A}} \right|_0^h$$

$$\frac{dE}{dz} = a \gamma z - \frac{b \gamma C}{A + B}\left(2z - \frac{A-B}{A} h^{\frac{A+B}{A}} z^{-\frac{B}{A}}\right) - q_0 b \cos \beta \, h^{\frac{B}{A}} \frac{A-B}{A} z^{-\frac{B}{A}}$$

$$\frac{d^2 E}{dz^2} = a \gamma - \frac{b \gamma C}{A + B}\left[2 + \left(\frac{A-B}{A^2}\right) B h^{\frac{A+B}{A}} z^{-\frac{A+B}{A}}\right] + q_0 b \cos \beta \, h^{\frac{B}{A}} \left(\frac{A-B}{A^2}\right) B z^{-\frac{A+B}{A}}.$$

Die Werte E in dE/dz werden durch das Vorzeichen von $\frac{A-B}{A}$ und $\frac{-B}{A}$ beeinflußt. Hat $\frac{A-B}{A}$ ein positives Vorzeichen, dann ist für $z = 0$, $E = 0$, also der ganze Wanddruck $E = 0$, vorausgesetzt, daß $A + B \neq 0$ ist.

(9) $$E = \frac{a \gamma h^2}{2} - q_0 h b \cos \beta. \quad \left(\frac{A-B}{A} \text{ positiv; } A + B \neq 0\right).$$

dE/dz ist für $z = 0$ endlich, wenn $\frac{-B}{A}$ positiv ist, d.h. A und B verschiedenes Vorzeichen haben, oder, anders ausgedrückt, $\frac{A-B}{A} > 1$ und $A + B \neq 0$ ist. Es ist $A + B = 0$ wenn $\frac{A-B}{A} = 2$ ist. In dem Bereich der endlichen Wanddrücke E ist also ein engeres Gebiet mit $\frac{A-B}{A} > 1$, in dem für $z = 0$ auch dE/dz endlich ist.

Die Funktion $\frac{A-B}{A}$ hat die Form:

(10) $$\frac{A-B}{A} = \frac{2 \sin(\alpha + \varrho + \delta - \varphi)[\sin(\alpha - \varphi) \cos \varrho + \cos(\alpha + \varrho - \beta) \sin(\varphi - \beta)]}{\sin(\alpha - \varphi)[2 \sin(\varphi - \beta) \cos(\alpha + \delta - \beta) \cos \varrho \sin(\alpha + \varrho + \delta - \varphi)]}.$$

Die Nullpunkte liegen bei:
1. $\varphi_0 = \alpha + \varrho + \delta$ und
2. $\cot \varphi_0 = \frac{\cos \alpha \cos \varrho - \cos \beta \cos(\alpha + \varrho - \beta)}{\sin \alpha \cos \varrho - \sin \beta \cos(\alpha + \varrho - \beta)}$,

und die Unendlichkeitspunkte bei:

1. $\varphi_\infty = \alpha$,
2. $\cotg \varphi_\infty = \dfrac{\cos \varrho \cos (\alpha + \varrho + \delta) - 2 \cos \beta \cos (\alpha + \delta - \beta)}{\cos \varrho \sin (\alpha + \varrho + \delta) - 2 \sin \beta \cos (\alpha + \delta - \beta)}$,

vorausgesetzt, daß nicht Faktoren im Zähler und Nenner gleichzeitig Null werden.

Für $\varphi = \varrho$ wird $a = 0$ und der Klammerausdruck in E ebenfalls Null, also ist für $\varphi = \varrho$ der Wanddruck $E = 0$. Eine besondere Untersuchung ist noch für den Fall $\beta = \varrho$ erforderlich. Der zweite Ausdruck in der Gl. (8) für E und dE/dz nimmt für $\beta = \varrho$ den Wert $0/0$ an. Die beiden unbestimmten Ausdrücke haben aber für $\beta = \varrho$ beide den Grenzwert Null. In der Abb. 5a ist die Kurvenschar $\dfrac{A-B}{A}$ mit dem Parameter β für $\alpha = \pi/2$, $\varrho = \delta = 30°$ gezeichnet. Für φ zwischen Null und $2\varrho = 60°$ erfüllt $\dfrac{A-B}{A}$ die eben genannten Bedingungen für endliche E in dE/dz. Für $\beta = 0$ wird bei $\varphi = 2\varrho = 60°$ in $\dfrac{A-B}{A}$ Zähler und Nenner gleichzeitig Null, der Grenzwert $\left(\dfrac{A-B}{B}\right)$ $\varphi = \varrho$ ist gleich 8. Für β zwischen 0 und φ haben Zähler und Nenner für verschiedene Werte $\varphi > 2\varrho$ Nullpunkte.

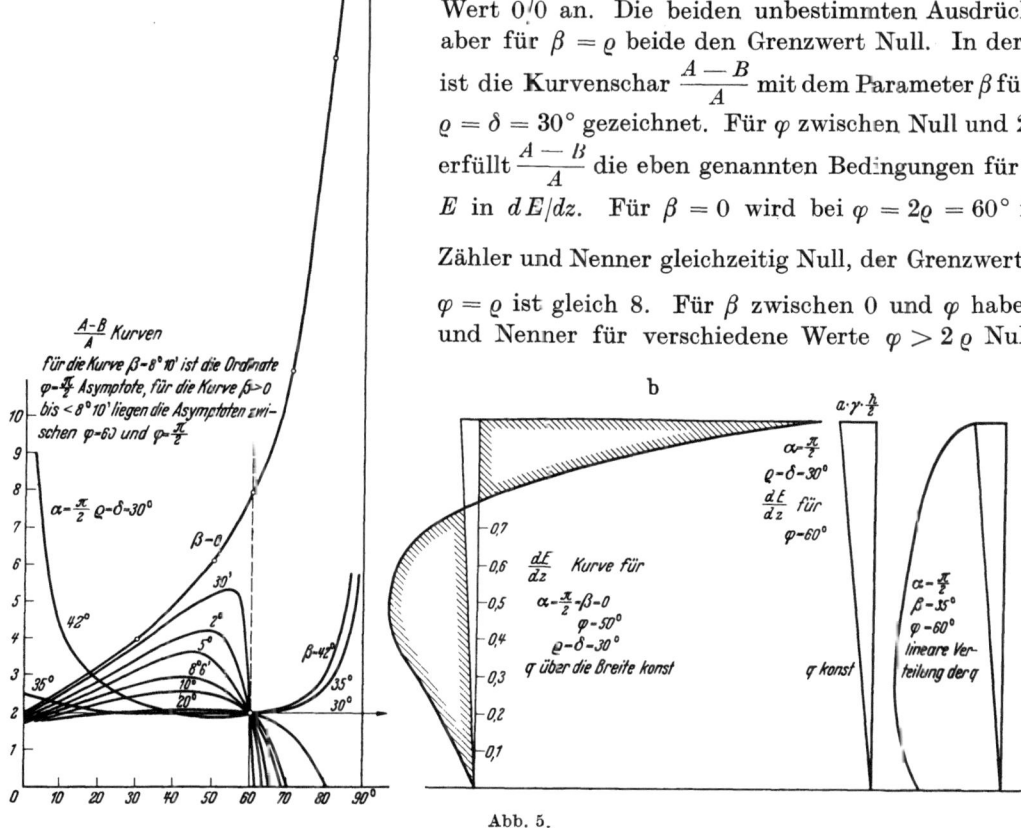

Abb. 5.

Zwischen diesen beiden Punkten kann $\dfrac{A-B}{A}$ negativ und kleiner als Eins werden. In diesem Bereich sind weitere Untersuchungen an $\dfrac{A-B}{A}$ und $A+B$ notwendig, die übergangen werden. Die Fälle mit $E = \infty$ haben keine praktische Bedeutung, denn z. B. wird $E = \infty$ für beliebiges β, $\delta = \varphi > 45°$ und $\varrho = 2\varrho - \pi/2$. Dieser Fall ist in Abb. 6 dargestellt, E und Q werden parallel. In Wirklichkeit ist dieser Fall nicht möglich.

Nach Gl. (10) ist für $\alpha = \pi/2$, $\varrho = \delta$,

$$\frac{A-B}{A} = \frac{[k_1 - f(\beta)] 2 \cos(2\varrho - \varphi)}{[k_2 - 2 f(\beta)] \cos \varphi},$$

wenn $k_1 = \cos \varphi \cos \varrho$, $k_2 = \cos \varrho \cos(2\varrho - \varphi)$ ist, und $f(\beta)$ eine Funktion von β.

Soll $\dfrac{A-B}{A}$ unabhängig von β sein, dann muß

$$k_1 - f(\beta) = \lambda [k_2 - 2 f(\beta)] \text{ sein, d. h. es muß sein}$$

$$k_1 = \lambda k_2 \quad \text{und} \quad 2\lambda = 1,$$

Abb. 6.

$\cos \varphi = 1/2 \cos(2\varrho - \varphi)$. Diese Gleichung ist innerhalb 0 und $\pi/2$ erfüllt für $\varphi = 2\varrho$ und $\cos 2\varrho = 1/2$, $\varrho = 30°$. Die obige Kurvenschar hat also bei $\varphi = 2\varrho = 60°$ einen Schnittpunkt mit der Ordinate $\dfrac{A-B}{A} = 2$.

Zwei Beispiele sollen zahlenmäßig behandelt werden:

1. $\alpha = \pi/2$, $\beta = 0$, $\varrho = \delta = 30°$.

φ	0	10°	20°	30°	40°	50°	60°	70°	80°	90°
$\dfrac{A-B}{A}$	2,0	2,63	3,24	3,99	4,92	6,12	8,0	11,25	19,7	∞

Für $\varphi = 50°$ ist:
$$a = 0{,}293,\ b = 0{,}755,\ A = 0{,}0425,\ B = -0{,}2205,\ C = 0{,}2735.$$

z/h	0,1	0,2	0,3	0,4	0,5	0,6	0,7	0,8	0,9	1,0
dE/dz	0,2613	0,5209	0,7704	1,1046	1,1125	1,068	0,731	—0,46	—1,70	—4,52

$\dfrac{A-B}{A}$ ist für alle Winkel φ zwischen 0 und $\pi/2$ positiv (s. Abb. 5a) und größer als 1. Der Wanddruck ist also für $z = 0$ endlich und $dE/dz = 0$, $E = a\gamma h^2/2 - q_0 h b \cos\beta$.

Die Abb. 5b zeigt den Verlauf des Wanddruckes. Er setzt sich zusammen aus einem linearen Teil und einem parabolischen, der abhängt von dem $d(qz)$ in dE. Die geränderten Flächen sind gleich.

qz ist aus der Momentengleichung errechnet unter Annahme einer gleichmäßigen Verteilung der q in den Fugen zwischen den Platten, während Terzaghi, wie oben schon gesagt wurde, eine willkürliche Gleichung zwischen q und E einführt. So ist der Unterschied im Verlauf der dE gegenüber den Terzaghischen Kurven zu erklären. Daß aber auch bei dem hier behandelten Wanddruck einer geschichteten Hinterfüllung sehr verschiedenartige Druckverteilungen entstehen, zeigt das zweite Beispiel.

Im zweiten Beispiel ist $\alpha = \pi/2$, $\beta = 35°$, $\varrho = \delta = 30°$. Dieses Beispiel wird für die zwei Fälle gerechnet, einmal mit der Annahme einer gleichmäßigen Verteilung der q über die Breite und zweitens unter der Annahme einer linearen Verteilung der q.

Bei gleichmäßiger Verteilung der q ist:

φ	0	10°	20°	30°	40°	50°	60°	70°	80°	90°
$\dfrac{A-B}{A}$	2,53	2,14	1,95	1,995	1,995	1,96	1,98	2,09	2,68	∞

Für $\varphi = 60$ ist:
$$a = 0{,}485,\ b = 0{,}577,\ A = 0{,}6423,\ B = -0{,}6422,\ C = 0{,}4393.$$

In dE/dz ist der parabolische Anteil verschwindend klein, es bleibt nur der lineare Teil $dE/dz = 0{,}232\,\gamma z$.

Für die oben angedeutete lineare Verteilung der q wird für $\varphi = 60°$
$$A = 0{,}8383,\ B = -0{,}1005,\ C = 0{,}4393\ \text{und}$$

z/h	0,1	0,2	0,3	0,4	0,5	0,6	0,7	0,8	0,9	1,0
dE/dz	0,211	0,261	0,280	0,286	0,283	0,271	0,254	0,236	0,212	0,185

In der Abb. 5a sind die $\dfrac{A-B}{A}$ Kurven, in der Abb. 5b die Verteilungen dE/dz der beiden Beispiele dargestellt.

Ehe diese Ergebnisse weiter besprochen werden, soll der Erdkeil erst in starre Platten zerlegt werden, die parallel der Gleitfläche verlaufen.

4. Der Druck einer Schicht starrer Platten, die parallel der Gleitfläche liegen.

q_{zm} ist ein Mittelwert der q_z mit noch unbekannter Verteilung, s ist die Strecke vom Punkt A bis Punkt B (s. Abb. 7).

$$l = s\frac{\sin(\alpha-\beta)}{\sin(\varphi-\beta)},\ l_z = z\frac{\sin(\alpha-\beta)}{\sin(\varphi-\beta)},\ dG = \gamma z\,dz\,\frac{\sin(\alpha-\beta)\sin(\alpha-\varphi)}{\sin(\varphi-\beta)}.$$

Die Gleichgewichtsbedingungen für die Komponenten lauten:

1. $dE\cos(\alpha+\delta-\varphi) - (q_{zm}dz + z\,dq_{zm})\dfrac{\sin(\alpha-\beta)}{\sin(\varphi-\beta)} + \gamma z\,dz\,\dfrac{\sin(\alpha-\beta)}{\sin(\varphi-\beta)}\sin(\alpha-\varphi)\cos\varphi = 0$.

2. $dE\sin(\alpha+\delta-\varphi) + (q_{zm}dz + z\,dq_{zm})\dfrac{\sin(\alpha-\beta)}{\sin(\varphi-\beta)}\operatorname{tg}\varrho - \gamma z\,dz\,\dfrac{\sin(\alpha-\beta)}{\sin(\varphi-\beta)}\sin(\alpha-\varphi)\sin\varphi = 0$.

Diese Gleichungen liefern:

(11) $$\frac{dE}{dz} = \gamma z \frac{\sin(\alpha-\beta)\sin(\alpha-\varphi)\sin(\varphi-\varrho)}{\sin(\varphi-\beta)\sin(\alpha+\varrho+\delta-\varphi)}.$$

(12) $$\begin{cases} E = \gamma \frac{z^2}{2} \frac{\sin(\alpha-\beta)\sin(\alpha-\varphi)\sin(\varphi-\varrho)}{\sin(\varphi-\beta)\sin(\alpha+\varrho+\delta-\varphi)} + C_1, \\ q_{zm} = \gamma \frac{z}{2} \frac{\sin(\alpha-\varphi)\sin(\alpha+\delta)}{\sin(\alpha+\varrho+\delta-\varphi)} + C_2. \end{cases}$$

Für $z=0$ ist $E=0$ und $q_z = q_0 \cos\varphi$, also $C_1 = 0$, $C_2 = q_0 \cos\varphi$. Für den ganzen Keil kommen so die Gleichungen zwischen dem Wanddruck E und dem Gewicht G heraus, von denen man bei der Coulombschen Erddrucktheorie ausgeht:

$$G = \gamma \frac{s^2}{2} \frac{\sin(\alpha-\beta)\sin(\alpha-\varphi)}{\sin(\varphi-\beta)},$$

$$E = G \frac{\sin(\varphi-\varrho)}{\sin(\alpha+\delta+\varrho-\varphi)}; \quad \frac{dE}{d\varphi} = 0$$

liefert die Coulombsche Gleitfläche und E_{max}.

Die Gl. (11) für dE zeigt die lineare Verteilung des Wanddruckes wie in der Coulombschen Theorie.

Soll auch die Momentengleichung erfüllt werden, dann greift Q in der Gleitfläche nicht im unteren Drittelpunkt an, d. h. es gibt hier keine lineare Druckverteilung. Diese Tatsache entspricht dem bekannten Widerspruch in der Coulombschen Erddrucktheorie. Wird über den Winkel frei verfügt, dann können sich bei ebenen Gleitflächen die Kräfte Q, G und E nicht in einem Punkt schneiden.

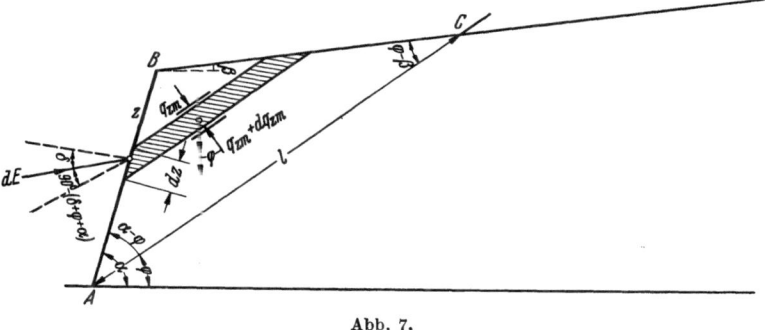

Abb. 7.

Die Momentengleichung lautet:

$$dG \frac{z}{2} \frac{\sin(\alpha-\beta)}{\sin(\varphi-\beta)} \cos(\alpha-\varphi) - q_{zm} z \frac{\sin(\alpha-\beta)}{\sin(\varphi-\beta)} \operatorname{tg}\varrho \, dz \sin(\alpha-\varphi) - dq z^2 \frac{\sin^2\alpha-\beta}{\sin^2\varphi-\beta} \nu,$$

in der ν die Abweichung des Druckes von der Mitte liefert.

$$\nu = \frac{\sin(\alpha-\beta)\cos(\alpha-\varphi)\sin(\alpha+\varrho+\delta-\varphi) - \sin(\alpha-\varphi)\sin(\alpha+\delta)\sin(\varphi-\beta)\sin\varrho}{\sin(\alpha+\delta)\sin(\alpha-\beta)\cos\varrho}.$$

Die Untersuchung dieses Paragraphen zeigt, daß eine Schichtung im Erdkeil parallel der Gleitfläche den gleichen Wanddruck E und die gleiche lineare Verteilung dieses Druckes über die Wand gibt, wie die Coulombsche Theorie.

Im nächsten Paragraphen soll schließlich der Keil in Schichten zerlegt werden mit einer beliebigen Neigung ε gegen die Waagerechte.

5. Der Druck einer Schicht starrer Platten, die unter einem beliebigen Winkel ε gegen die Waagerechte geneigt sind.

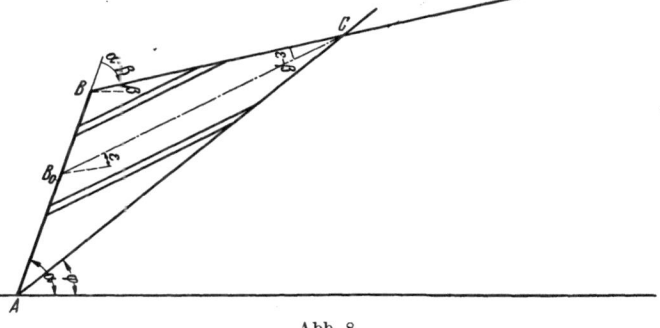

Abb. 8.

Der Keil zerfällt in zwei Teile, die durch die Linie CB getrennt sind (Abb. 8). Der obere Teil besteht aus einem Keil mit dem Winkel $(\alpha-\varepsilon)$ zwischen der Wand und der Gleitfläche und mit der Oberflächenneigung β, der dem Fall des Abschn. 4 entspricht. Die Druckverteilung auf die Wand und die Fläche CB ist im Abschn. 4 behandelt. Setzt man in die Gleichung für q_{zm} $z = z_0$ ein, dann ist die Auflast in der Oberfläche des unteren Keiles gegeben. Die Verteilung von q_{zm} ist nicht eindeutig gegeben, sondern nur die Lage der Mittelkraft Q, wenn die Momentengleichung erfüllt ist. Man könnte z. B. eine parabolische Verteilung wählen und hätte dann für den unteren Keil, der dem Fall des Abschn. 3 entspricht, eine bestimmte Auflast q_0 auf seiner Oberfläche, die unter dem Winkel ε geneigt ist. Für die Drücke q

im unteren Keil müßte man in die Berechnung in allen Fugen die gleiche Zahl ν einführen. Würde man auf die Erfüllung der Momentengleichung im oberen Keil verzichten, dann könnte man eine gleichmäßige Verteilung von q_{zm} in der Berechnung des unteren Keiles benutzen.

Im oberen Teil der Wand, der zum oberen Keil gehört, nimmt der Wanddruck von oben nach unten linear zu. Auf dem unteren Teil der Wand, der den unteren Keil begrenzt, entsteht eine Druckverteilung, wie wir sie im Abschn. 3 gefunden haben. Der Wanddruck wird von unten nach oben zunehmen, im allgemeinen nicht linear. Im Punkt D entstände eine Unstetigkeit. Die Verteilung über die ganze Wand würde z. B. so aussehen, wie sie in der Abb. 9 dargestellt ist.

In der Abb. 9 sind noch einmal die verschiedensten Fälle, die in den Abschnitten 3—5 behandelt sind, zusammengestellt.

Schlußfolgerungen.

Aus den Untersuchungen der vorigen Paragraphen geht hervor, daß die Verteilung des Druckes einer geschichteten Hinterfüllung über die Wand entscheidend von der Neigung der Platten gegen die Waagerechte abhängt. Man kann alle Fälle in drei Hauptgruppen einteilen. Die erste Gruppe enthält die Plattenaufteilung parallel der Gleitfläche. Dann stimmt der Wanddruck in Größe und Verteilung mit der klassischen Erddrucktheorie überein, wenn man den Winkel φ aus der Bedingung bestimmt, daß E ein Maximum wird. In der zweiten Gruppe, in der die Platten parallel der Oberfläche geschichtet sind, gibt es die verschiedenste Verteilung des Wanddruckes je nach der Neigung der Oberfläche und je nach der Annahme über die Verteilung der q über die Breite der Platte. Im allgemeinen nimmt in dieser Gruppe der Wanddruck vom Fuß zum Kopf der Wand zu, während in der ersten Gruppe der Wanddruck linear mit der Tiefe wächst. Die dritte Gruppe zeigt im oberen Teil der Wand die Verteilung der Gruppe 1 und im unteren die der Gruppe 2.

Es lassen sich aus den scheinbar ziemlich willkürlichen Überlegungen an den geschichteten Platten Einblicke in den Erddruck auf Stützmauern gewinnen. Warum stimmen die Wanddrücke der Gruppe 1 so gut mit der Coulombschen Theorie überein? Die Coulombsche Gleitfläche, die zum größten Erddruck E gegen die Wand gehört, ist zunächst nur eine gedachte Gleitfläche. Sie erscheint aber auch im Versuch mit trockenem Sand, wenn auch nicht genau als ebene Gleitfläche, sobald man den einzigen Freiheitsgrad, den die stützende Mauer hat, ändert. Man beobachtet aber nicht bloß die eine Gleitfläche, die durch den Fußpunkt der Mauer geht, sondern der ganze Erdkeil zerlegt sich in Schichten, die auf einer Schar paralleler Gleitflächen abrutschen. Der Vorgang hat also eine große Ähnlichkeit mit dem Rutschen der starren Platten parallel der Gleitfläche. Besteht also die Hinterfüllung homogen aus reinem Sand, dann kann man ihre Wirkung auf die Wand sehr gut durch die geschichteten Platten parallel der Coulombschen Gleitfläche wiedergeben. Ist aber die Hinterfüllung anders aufgebaut, so besteht die Wahrscheinlichkeit, daß es auch zu den geschichteten Platten der Gruppe 2 und 3 in der Wirklichkeit Analogien bei nicht homogener Hinterfüllung gibt. Wird z. B. hinter einer Mauer und dem geböschten anstehenden Boden eine keilförmige Hinterfüllung schichtenweise eingebaut, dann entsteht wahrscheinlich eine Erddruckverteilung, die den Druckverteilungen der Gruppe 2 und 3 ähnlich ist.

Es ist ja eine alte Erfahrung, daß manche Stützmauern, die nach der Coulombschen Theorie gerechnet wurden, nicht standgehalten haben. Hier können zunächst Quellungen des Bodens hinter der Mauer die Ursache sein. Nach den vorhergehenden Untersuchungen könnten aber auch Inhomogenitäten des Bodens, die Ähnlichkeiten mit den geschichteten Platten haben, die Ursache sein. Dann wird man die Lehre aus den Überlegungen ziehen können, daß der Aufbau des hinter der Mauer anstehenden Bodens bei der Berechnung der Stützmauern mehr als bisher beachtet werden muß.

Man kann also die Terzaghische Anregung und die vorstehenden Untersuchungen in dem Satz zusammenfassen: Neben der Coulombschen Theorie des Erddruckes auf Stützmauern kann die Untersuchung des Wanddruckes, erzeugt durch geschichtete Platten, bei nicht homogenem Boden eine Ergänzung für die Berechnung der Stützmauern liefern.

Aufgabe weiterer Experimente wird es sein, die Brauchbarkeit der zusätzlichen Berechnungen zu prüfen.

Modellversuche über das Zusammenwirken von Mantelreibung, Spitzenwiderstand und Tragfähigkeit von Pfählen.

Von Dipl.-Ing. **Rudolf Müller**, Berlin.

I. Einleitung.

Bei dem Entwurf von Pfahlgründungen ist man noch vielfach darauf angewiesen, Werte, wie Tragfähigkeit der einzelnen Pfähle, Höhe der Mantelreibung, nach früheren Erfahrungen anzunehmen. Allenfalls werden probeweise vorher Einzelpfähle gerammt und belastet, um die hieraus gewonnenen Ergebnisse den Berechnungen zugrunde legen zu können. Die verschiedenen Rammformeln sollen dann weitere Anhaltspunkte liefern. Bei all diesen „Berechnungen" handelt es sich meist nur um eine mehr oder weniger mechanische Anwendung von Formeln und Vorschriften, deren Grundlagen stark angezweifelt werden können, schon allein deshalb, weil dabei die Mannigfaltigkeit des Bodens nicht voll berücksichtigt werden kann. Ein kurzer Abschnitt der vorliegenden Arbeit über die Abhängigkeit der Tragfähigkeit der Pfähle von Pfahleigenschaften und Boden soll den Einfluß der Bodenbeschaffenheit erläutern.

Eine Frage, die immer wieder auftaucht, ist die Frage nach den Anteilen von Mantel und Spitze an der Gesamtbelastung. Nachstehend werden die ersten Ergebnisse einer systematisch durchgeführten Versuchsreihe mit Modell-Rammpfählen in Sandboden zusammengestellt.

Modellversuche haben vor Großversuchen den Vorzug, daß sich Messungen am Modell mit größerer Genauigkeit ausführen lassen. Die Beschaffenheit der Bodenarten, mit denen bei Modellversuchen gearbeitet wird, kann einwandfreier erfaßt werden. Störende äußere Einflüsse — Wetter, Temperaturschwankungen — werden bei Modellversuchen in geschlossenen Räumen weitgehend ausgeschaltet.

Um grundlegende Zusammenhänge zu klären, wurden die ersten Versuche in Sand durchgeführt. Die Annahme, daß die Beschaffenheit der Pfahloberfläche und der Schlankheitsgrad der Pfähle einen Einfluß auf die Verteilung von Mantelreibung und Spitzenwiderstand ausüben, führte dazu, die Untersuchungen auf Stahlmantel- und Betonpfähle von verschiedenen Schlankheitsgraden λ (= Durchmesser : Länge) zu erstrecken.

Soweit möglich, sind die neueren Erfahrungen auf dem Gebiet der Bodenmechanik berücksichtigt worden.

II. Schrifttum.

Das Schrifttum auf dem Gebiete der Pfahlgründungen ist außerordentlich umfangreich. Jedoch beschränkt sich die Mehrzahl der Verfasser auf die Wiedergabe von Durchführungen und Ergebnissen von Pfahl-Probebelastungen, deren Wert, wie die neueren Erkenntnisse auf dem Gebiet der Bodenmechanik lehren, zunächst stark eingeschränkt wird dadurch, daß viele Einflüsse (Zeit, Gruppenwirkung) nicht einwandfrei erfaßt werden. Auf die Pfahlprobebelastungen wird hier nicht näher eingegangen, da sie in der neueren Literatur [10][1] bereits ihre kritische Würdigung erfahren haben.

Ein weiterer Teil des Schrifttums befaßt sich damit, Pfahlformeln aufzustellen und zu erläutern. Darüber hinaus aber findet man nur selten Abhandlungen über das Verhalten des Einzelpfahls im Boden und die Zusammenhänge zwischen Pfahl und Boden. Krey und Dörr haben [9, 4] eine Formel errechnet, die sich auf die Erddrucktheorie gründet und durch die Mantelreibung und Spitzenwiderstand getrennt errechnet werden. In Abschnitt V werden die nach Krey und Dörr errechneten Werte den Versuchsergebnissen gegenübergestellt. Dr. Karl Zimmermann hat Untersuchungen angestellt über die „Rammwirkung im Erdreich" [16]. In dieser Schrift geht Zimmermann näher ein auf Pfahl- und Spitzenform. Er führt sämtliche bis dahin bekannten Rammformeln an und gibt eine kurze Kritik jeder Formel. Krapf [8] berechnet die Tragfähigkeit der Pfähle nach auf Energiebetrachtungen fußenden Rammformeln.

---

[1] Die eckig eingeklammerten schrägen Ziffern beziehen sich auf das am Schluß dieses Beitrages befindliche Literatur-Verzeichnis.

III. Versuchsanordnung.
A. Die zur Versuchsdurchführung notwendigen Geräte.

a) Der Pfahl (Abb. 1). Der Modellpfahl war so durchgebildet, daß sowohl der Mantel und die Spitze allein als auch der gesamte Pfahl belastet werden konnte. Abb. 1 stellt einen der eisernen Pfähle (Eisenmantelpfahl $\lambda = 1:20$) dar.

Zu jedem Pfahl waren zwei Pfahlköpfe erforderlich (vgl. Abb. 1a und b). Der in Abb. 1a dargestellte Kopf gab der Spitze eine Führung, gleichzeitig aber auch ein Widerlager, so daß bei Belastung der gesamte Pfahl belastet wurde. Zum Rammen mußte ebenfalls dieser Kopf verwendet werden. Der in Abb. 1b wiedergegebene Kopf war vollkommen durchbohrt und gestattete so, den Mantel und auch die Spitze gesondert zu belasten.

Der Modellpfahl wurde in drei verschiedenen Schlankheitsgraden verwandt, und zwar 1:10, 1:15 und 1:20. Die Länge der Pfähle war stets die gleiche: rd. 80 cm. Für die Durchführung der Versuche mit „Beton"-Pfählen wurden die Pfähle (Mantel und Spitze) mit einem betonähnlichen Überzug versehen. Die Pfähle erhielten dabei eine rauhe und, was von großem Vorteil war, gleichmäßige Oberfläche.

Abb. 1. Rammpfahl für Modellversuche.   Abb. 2. Rammen des Pfahles.

b) Der Boden, in dem die Pfahlversuche ausgeführt wurden, befand sich in einem **Behälter** von 1 m Höhe und 1 m Durchmesser, Rauminhalt 0,785 cbm.

c) Zum Rammen der Pfähle wurde eine besondere **Rammvorrichtung** mit automatischem Auslöser des Fallgewichtes in bestimmten Höhen entworfen und gebaut. Die Ramme ist in Abb. 2 dargestellt.

d) Belastungsvorrichtung. Zum Belasten der Pfähle war ebenfalls eine besondere Anlage erforderlich, da hydraulische Druckpressen für derartige Versuche unbrauchbar sind; denn mit zunehmender Einsenkung sinkt der Druck in den hydraulischen Pressen. Eine Hebelübertragung war sehr umständlich und schwer zu bedienen, da mit häufigem Abbau der Belastungsvorrichtung gerechnet werden mußte. Durch das Vorschalten einer Luftdruckflasche vor eine umgebaute hydraulische Presse wurden die Mängel der hydraulischen Presse ausgeschaltet und zugleich ein leicht bewegliches Belastungsgerät (nur die eigentliche Presse) geschaffen (vgl. Abb. 3).

12 Modellversuche über das Zusammenwirken von Mantelreibung, Spitzenwiderstand und Tragfähigkeit von Pfählen.

e) Aus Abb. 3 ist zu ersehen, daß der obere Querbalken einer **Rahmenkonstruktion** das Widerlager der Presse bildete, während der Behälter auf dem unteren Querbalken ruhte.

f) Die Meßgeräte. Im wesentlichen waren zwei verschiedene Messungen durchzuführen, und zwar wurde der Druck bzw. die Belastung gemessen an einem an die Presse angeschlossenen Manometer ($^1/_{10}$ Atm. = 17 kg abschätzbar); die Messung der Einsenkung des Pfahles erfolgte an Zeiß-Uhren mit $^1/_{10}$ mm Genauigkeit ($^1/_{100}$ mm abschätzbar). Dabei wurde die Uhr am Pfahl selbst angebracht, der Meßstab der Uhr aber auf einem quer über den Behälter gelegten Winkeleisen abgestützt, so daß die Uhr die Einsenkung des Pfahles gegenüber der Oberkante des Behälters laufend anzeigte. Ferner befand sich an den Führungsschienen für den Rammbären ein Maßstab, an dem die Einsenkung des Pfahles nach jedem Schlag roh gemessen werden konnte.

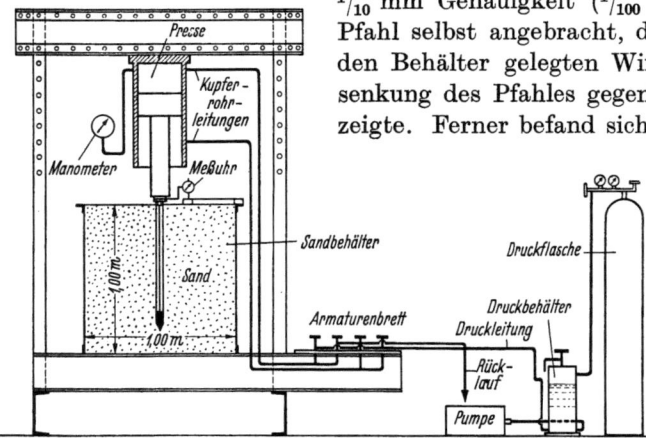

Abb. 3. Preßvorrichtung.

g) Als **Bodenart** wurde Sand verwendet, dessen bodenphysikalischen Eigenschaften weiter unten in Abschnitt IV A näher erläutert werden.

B. Fehlerquellen.

Um die Fehlerquellen zu erkennen und ausschalten zu können, ging den eigentlichen, auswertbaren Versuchen eine Reihe von Versuchen voraus. Dabei stellten sich folgende Fehlerquellen heraus:

a) Schiefstellung des Pfahles. Trotzdem der Pfahl an besonderen Führungsschienen während des Rammvorganges geführt wurde (Abb. 4), bestand, da die Führung einigen Spielraum lassen mußte, die Möglichkeit der Schiefstellung des Pfahles; diese Fehlerquelle wurde ausgeschaltet, indem die Stellung des Pfahles ständig während des Rammens mit einer Wasserwaage untersucht und nachgeprüft wurde.

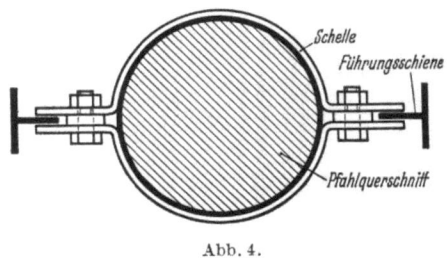

Abb. 4.

b) Durch **Einfetten der Berührungsflächen** von Rohr und Spitze wurde vermieden, daß feine Bodenteilchen sich zwischen Mantelrohr und Spitze einklemmen und so infolge großer Reibung die Versuche beeinflussen konnten.

c) Ein **Verkanten der Spitze im Rohr** war wegen der guten Führung der Spitze am Führungsstab nicht möglich.

d) Von besonderer Wichtigkeit war **das einwandfreie Füllen des Versuchsbehälters.** Da das Porenvolumen aus dem Gesamtgewicht der Bodenmasse errechnet wurde, war ein gleichmäßiges Einfüllen erforderlich, weil durch ungleichmäßiges Verdichten der einzelnen Lagen auch verschiedene Lastanteile auf Mantel und Spitze entfallen konnten.

IV. Durchführung und Ergebnisse der Versuche.
A. Vorversuche.

Die Vorversuche erstreckten sich auf die Feststellung der bodenphysikalischen Eigenschaften des für die Versuche verwandten Sandes.

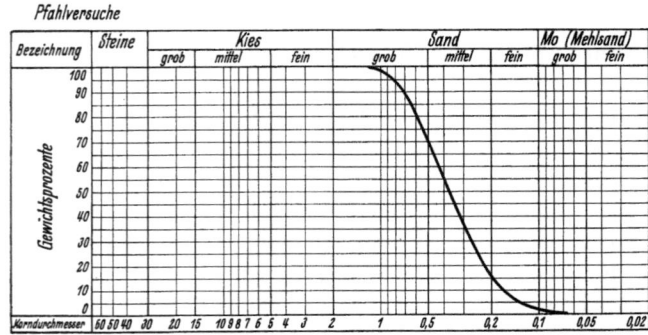

Abb. 5. Kornverteilungskurve des für die Versuche benutzten Sandes.

a) Die Kornverteilung ist aus Abb. 5 zu ersehen. Die Kornverteilungskurve wurde durch Siebanalyse bestimmt.

b) Der Winkel der inneren Reibung des Sandes betrug 31°. Er wurde dadurch ermittelt, daß Sandproben unter den Auflasten von 1,0; 2,0; 2,5; 3,0 kg/cm² in dem Scherapparat nach Casagrande (vgl. Abb. 6) abgeschert wurden.

Dabei ergaben sich die folgenden, in der Abb. 7 auch bildlich dargestellten Scherwiderstände (s. Tab. 1).

c) In ähnlicher Weise wie der Winkel der inneren Reibung des Sandes wurde auch der **Reibungswinkel zwischen Pfahl und Boden** bestimmt:

In den unteren, festen Rahmen wurde eine Eisenplatte eingespannt. Die obere Fläche dieser Platte lag genau in der Scherfuge (vgl. schematische Skizze, Abb. 8). Der bewegliche Rahmen wurde mit dem Versuchssand gefüllt, belastet und unter der Belastung abgeschert. Die Versuche wurden an drei verschiedenen Platten durchgeführt.

Abb. 6. Scherapparat.

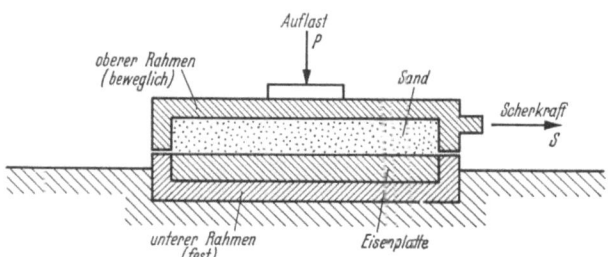

Abb. 7. Bestimmung des Winkels der inneren Reibung des Versuchssandes.

Tabelle 1.

Vers.-Nr.	Auflast kg/cm²	Scherwiderstand kg/cm²	Winkel der inneren Reibung
1	1,0	0,60	
2	2,0	1,20	31°
3	2,5	1,48	
4	3,0	1,85	

Abb. 8. Schematische Darstellung der Scherapparatur.

Die Ergebnisse sind in Tabelle 2 zusammengestellt und in Abb. 9 bildlich dargestellt.

Der mittlere Reibungswinkel betrug 23° 30'. Der Reibungswinkel zwischen den „Beton"-Pfählen und dem Sand war der gleiche wie der Winkel der inneren Reibung des Sandes (31°).

Tabelle 2 (Plattengröße 100 cm²).

Vers. Nr.	Platte Nr.	Auflast kg/cm²	Scherwiderstand kg/cm²	Reibungswinkel
1	1	1,0	0,48	
2	1	1,5	0,78	
3	1	2,0	0,95	25° 20'
4	1	2,5	1,2	
5	1	3,0	1,4	
6	2	1,0	0,45	
7	2	1,0	0,3	
8	2	2,0	0,8	21° 50'
9	2	2,5	1,0	
10	2	3,0	1,2	
11	3	1,0	0,5	
12	3	2,0	0,82	
13	3	2,5	1,05	23° 25'
14	3	3,0	1,3	

d) Ein weiterer Vorversuch erstreckte sich auf die Festlegung der Grenzen, innerhalb derer die **Lagerungsdichte** des Sandes sich ändern konnte.

Der trockene Sand wurde möglichst locker in ein Gefäß von bekanntem Inhalt eingefüllt. Das Porenvolumen

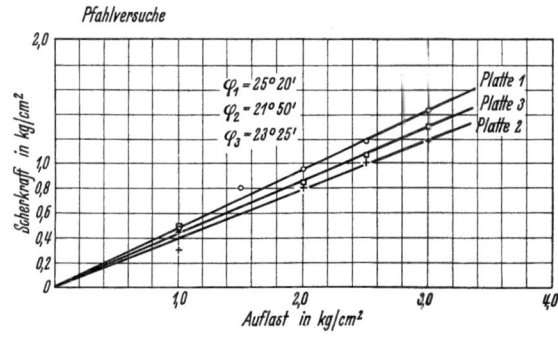

Abb. 9. Bestimmung des Reibungswinkels Sand-Eisen.

dieser Lagerungsdichte wurde als Porenvolumen der „lockersten" Lagerung = n_0 bezeichnet. Das Porenvolumen des Sandes, nachdem er unter Wasserzusatz in ein Gefäß eingeschlämmt und eingerüttelt wurde, sei n_D = Porenvolumen der „dichtesten" Lagerung. Sowohl n_0 als n_D waren also Werte, die laboratoriumsmäßig festgestellt wurden und als Vergleichsmaße dienten, die bei jedem Sand eindeutig bestimmt werden konnten. Es ist nicht ausgeschlossen, daß der Sand sich in der Natur — nament-

14 Modellversuche über das Zusammenwirken von Mantelreibung, Spitzenwiderstand und Tragfähigkeit von Pfählen.

lich bei geringem Wassergehalt — noch lockerer als n_o oder auch, was aber nur selten der Fall ist, dichter als n_D lagern kann.

Die Untersuchung des Sandes ergab folgende Werte:

γ = spezifisches Gewicht = 2,65,
G = Gewicht des trockenen Sandes = 681 g,
V_o = das von den 681 g Sand in lockerster Lagerung (n_o) eingenommene Volumen = 437,7 cm²,
V_D = das von den 681 g Sand in dichtester Lagerung (n_D) eingenommene Volumen = 367 cm³.

Daraus errechnet sich n_o und n_D in % wie folgt:

$$n_o = 100 - \frac{G}{\gamma \cdot V_o} \cdot 100 = 41,2\%,$$

$$n_D = 100 - \frac{G}{\gamma \cdot V_D} \cdot 100 = 30\%.$$

Dabei ist: G/γ das Volumen der festen Bestandteile,

$\dfrac{G}{\gamma \cdot V}$ das Volumen der festen Bestandteile, angegeben als Bruchteil des von den festen Bestandteilen + Hohlraum ausgefüllten Volumens.

B. Durchführung der Pfahlversuche.

a) Wie schon in Abschnitt III B erwähnt, war bei der Versuchsdurchführung besondere Sorgfalt auf das **Einbringen des Sandes** in den Versuchsbehälter zu legen, um innerhalb des ganzen Behälters eine gleichmäßige Dichte zu erzielen. Aus diesem Grunde wurde der Sand in Lagen von 15 cm eingebracht und, je nachdem man eine größere oder geringere Dichte erreichen wollte, mit mehr oder weniger schweren Stampfern oder auch gar nicht abgestampft. Der gesamte Behälter wurde vollkommen gefüllt und mit Inhalt auf einer großen Dezimalwaage gewogen. Das Gewicht und die Abmessungen des Behälters waren bekannt, so daß die Lagerungsdichte des Sandes, angegeben in Porengehalt, errechnet werden konnte zu

$$n = 100 - \frac{G}{\gamma \cdot V} \cdot 100,$$

wobei G das Gewicht des Behälterinhaltes,
γ das spezifische Gewicht des Sandes = 2,65 und
V das Volumen des Behälters = 0,785 cbm bedeutet.

b) Das Rammen des Versuchspfahles geschah unter Zuhilfenahme einer besonderen Führungseinrichtung (vgl. Abschnitt III A und III B). Die automatische Regelung der Fallhöhe des Rammbären war so eingestellt, daß die Fallhöhe stets ~ 14 bis 18 cm betrug. In Abb. 10 ist zugleich mit der jeweiligen Fallhöhe auch das Rammdiagramm dargestellt. Man erhielt es dadurch, daß anfangs nach jedem Schlag, später nach allen 5—10 Schlägen die Einsenkung gemessen wurde.

Der Pfahl wurde ungefähr 70—75 cm tief eingerammt, so daß unterhalb der Pfahlspitze noch 25—30 cm Sandboden vorhanden war.

Das Rammbild zeigt einen für sandigen Boden bezeichnenden Verlauf: nach der anfänglich starken Einsenkung des Pfahles sinkt der Pfahl bei gleichbleibender Fallhöhe des Rammbären stetig ein, d. h. die Einsenkung je Rammschlag bleibt gleich groß. Die mit der Vergrößerung der im Boden befindlichen Pfahl-

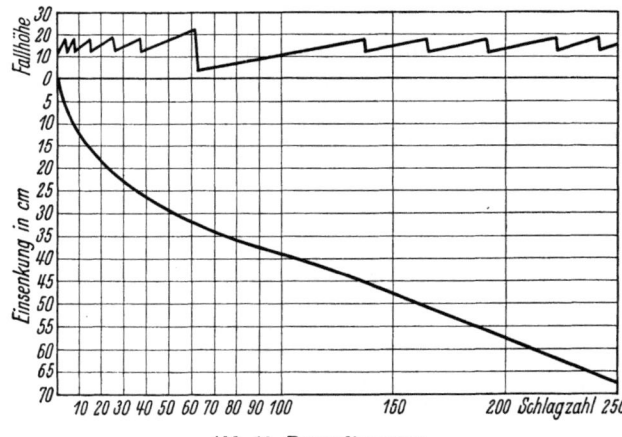

Abb. 10. Rammdiagramm.

länge steigende Mantelreibung hat demnach — soweit bisher Beobachtungen vorliegen — keinen Einfluß auf die Wirkung der Rammschläge. Diese Erscheinung wird im Schrifttum folgendermaßen erklärt [7].

„Beim Einrammen von Pfählen in derartigem (wassergesättigtem Sand-)Erdboden vollzieht sich bei jedem Rammschlag eine Verdrängung von Wasser aus den tieferliegenden Bodenschichten, wobei das Wasser in der Richtung des geringsten Widerstandes, d. h. nach oben um den Pfahl herum emporströmt und den dem Pfahl nächstliegenden Teil des Erdbodens auflockert. Infolge der Verminderung der Bodendichte verringert sich auch die Tragfähigkeit des Pfahles."

Da — wie die Modellversuche zeigen — die gleichen Erfahrungen auch im trockenen Sand gemacht wurden, ist die obige Behauptung nicht zutreffend. Die Tatsache, daß die Einsenkung mit der Rammtiefe nicht abnahm, läßt sich dadurch erklären, daß durch die Erschütterung des Rammschlages die innere Reibung im Boden aufgehoben wird. Damit verringert sich auch der Erddruck und die Mantelreibung, d. h. der Boden wird aufgelockert und die Tragfähigkeit des Pfahles sinkt.

Das Gewicht des Rammbären entsprach dem Gewicht des schwersten Pfahles mit 19 kg.

c) **Das Einbringen nicht gerammter Pfähle.** Um festzustellen, in welchem Maße der Rammvorgang auf die Tragfähigkeit einwirkt, wurde außer den Versuchsreihen mit Rammpfählen auch eine Versuchsreihe mit „Bohrpfählen" durchgeführt. Dabei wurde der Pfahl senkrecht in den Bottich gehängt und der Boden daraufhin um den Pfahl geschüttet und gestampft.

d) **Belastung** (s. Abb. 11). Nach dem Rammen wurde die Rammvorrichtung durch die Druckvorrichtung ersetzt. Beim Belasten des gesamten Pfahles verwandte man den in Abb. 1a dargestellten Pfahlkopf. Die Einsenkung des Pfahles konnte in der bereits unter „Versuchsanordnung", Abschnitt III A f, geschilderten Art und Weise gemessen werden. Die Belastung wurde in Stufen von ¼ at = 42 kg aufgebracht, die Einsenkung unter jeder Laststufe abgelesen, nachdem der

Abb. 11. Belastung des Pfahles.

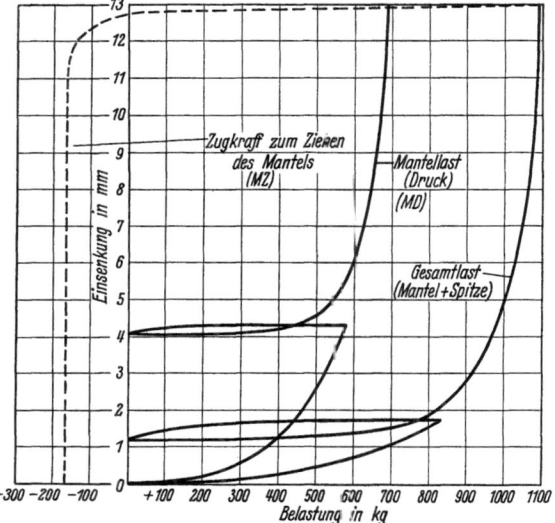

Abb. 12. Belastungs-Einsenkungsdiagramm.

Pfahl jeweils zur Ruhe gekommen war. Die Last wurde so lange gesteigert, bis der Pfahl einsank, ohne weitere Lasterhöhung zu erhalten. Der Anteil der elastischen Verformung des Bodens konnte durch Entlastungsschleifen festgestellt werden (vgl. Abb. 12). Die Belastung, bei der der Pfahl fortdauernd einsank, wird im folgenden mit „Grenztragfähigkeit" bezeichnet werden. Dabei ist zu bemerken, daß die zulässige Tragfähigkeit weit unter dieser „Grenztragfähigkeit" liegt. Jedoch kommt es hier nicht darauf an, Tragfähigkeiten einzelner Pfähle zu bestimmen, sondern eindeutige Werte zu schaffen, die es gestatten, die Ergebnisse der unter den verschiedensten Umständen durchgeführten Belastungsversuche zu vergleichen. Der Pfahlmantel allein wurde mit Hilfe von dem in Abb. 1b dargestellten Kopf belastet, ohne daß Sand in das Innere des Pfahles eindringen und etwa im Rohrinneren eine Mantelreibung erzeugen konnte. Daß keine Sandkörner in den Ramm zwischen Spitze und Mantel eingedrungen sind, die Spitze also nicht durch Reibungskräfte mit dem Mantel verbunden war und infolgedessen die Spitze keinen Lastanteil erhielt, beweist der Umstand, daß nach dem Versuch die Spitze ohne Mühe aus dem Mantel gezogen werden konnte.

Die Belastung wurde in gleicher Weise wie vorher in Stufen aufgebracht und bis zur „Grenztragfähigkeit" des Mantels gesteigert. Die jeweiligen Einsenkungen wurden abgelesen. Die Ergebnisse der Pfahlbelastungen wurden bildlich dargestellt. Abb. 12 zeigt das Belastungs-Einsenkungsdiagramm eines Belastungsversuches.

Die „Grenztragfähigkeit" des Mantels war nicht ohne weiteres dem Versuch zu entnehmen, denn bei der Belastung des Pfahlmantels allein übernahm die eigentlich zur Pfahlspitze gehörige Unterkante des Mantels (vgl. Abb. 13) einen Teil der Belastung. Es war daher die Einführung eines Verbesserungswertes erforderlich. Dieser Wert richtet sich nach Durchmesser des Pfahles und Stärke der Mantelrohrwandung.

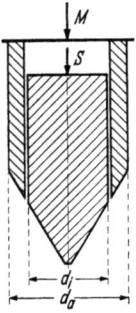

Es sei:

P = Grenztragfähigkeit des Pfahles (durch Versuch bestimmt),
M = Grenztragfähigkeit des Mantels (verbesserter Wert),
S = Grenztragfähigkeit der Spitze (verbesserter Wert),
M' = Grenztragfähigkeit des Mantels, durch Versuch bestimmt, ⎫ nicht verbesserte
S' = Grenztragfähigkeit der Spitze, durch Versuch bestimmt, ⎭ Werte,
r_a = Außenradius des Mantelrohrs,
r_i = Innenradius des Mantelrohres,
c = Verbesserungswert.

Abb. 13.

Dann ist:
$$S' = P - M'$$
$$S = c \cdot S'$$
$$c = \frac{r_a^2}{r_i^2}$$
$$M = P - S$$
$$= P - \frac{r_a^2}{r_i^2} \cdot S'.$$

Für jeden Pfahl ist c konstant. So wurden folgende Werte ermittelt:

Für den Pfahl
$\lambda = 1:10 \qquad c = 1,31$
$1:15 \qquad c = 1,19$
$1:20 \qquad c = 1,25$,

wobei λ den Schlankheitsgrad (Durchmesser : Länge) bedeutet.

e) **Ziehen des Pfahlmantels** (s. Abb. 14). Der Zugversuch beschränkte sich auf das Ziehen des Pfahlmantels. Die Pfahlspitze wurde nach dem Belastungsversuch sofort gezogen, ohne daß dazu eine besondere Kraft erforderlich war. Zur Durchführung des Zugversuches mit dem Pfahlmantel wurde das Mantelrohr mit dem der Abb. 1a entsprechenden Kopf mit Haken versehen. Der Pfahlmantel wurde mit einem Flaschenzug gezogen. Zwischen Flaschenzug und Pfahl war ein geeichtes Dynamometer eingeschaltet, an dem die Zugkraft abgelesen werden konnte. Maßgebend war dabei die größte, zu Beginn des Zugvorganges auftretende Zugkraft.

Abb. 14. Ziehen des Pfahles.

f) **Allgemeine Bemerkung.** — Die Versuche mit dem Pfahl $\lambda = 1:15$ (3. Versuchsreihe) konnten nicht einwandfrei durchgeführt werden, da der Pfahl mangelhaft hergestellt war. So war z. B. die Führung der Spitze so locker, daß die Spitze im Rohr leicht verkantete und sich Sandkörner zwischen Pfahl und Spitze klemmen konnten. Der Pfahl wurde bei den weiteren Versuchen nicht mehr verwendet.

Die Versuche wurden in trockenem und feuchtem Sand durchgeführt.

Bei den Versuchen mit feuchtem Sand bestand die Schwierigkeit darin, den richtigen Wassergehalt zu erhalten. Dabei stellte es sich heraus, daß bei einem Wassergehalt von mehr als 10% vom Trockengewicht das Wasser während des Versuches aus den oberen Schichten nach unten sickerte, so daß der Boden nicht mehr als homogen angesehen werden konnte. Die Versuche wurden darauf mit einem Wassergehalt von 3—9% durchgeführt. Ferner mußte hierbei äußerst vorsichtig gerammt werden, da ein nur geringes Verkanten während der Versuche genügte, um den Pfahl einseitig von dem Boden zu lösen und so unrichtige Ergebnisse zu erhalten.

C. Ergebnisse und Auswertung der Versuche.

a) Grenztragfähigkeit.

Die durchgeführten Modellversuche haben gezeigt, daß es — wenigstens gilt dies für das Modell — eine ausgesprochene „Grenztragfähigkeit", sowohl für den Gesamtpfahl als auch für den Pfahlmantel, gibt. Dies ist aus Abb. 12, der bildlichen Darstellung eines Belastungsversuches, deutlich zu erkennen. Das

Tabelle 3. 1. Versuchsreihe.
Stahlmantel-Pfahl $\lambda = 1:10$ $l = 80$ cm.
Bodenart: trockner Sand.
Zusammenstellung der Ergebnisse.

Vers. Nr.	Porenvolumen	Grenztragfähigkeit des Gesamtpfahles	$M_D{}^1$ in kg	in %[2]	$M_Z{}^1$ in kg	in %[2]
1	33,5	1210	770	63,6	—	—
2	37	700	437	62,5	65	9,3
3	35,8	950	690	72,6	100	10,6
4	35,5	1000	632	63,2	100	10,0
5	36,4	640	442	69,1	65	10,2
6	34,5	1120	620	55,4	135	12,1
7	34,5	990	635	64,0	105	10,6

Tabelle 4. 2. Versuchsreihe.
Stahlmantel-Pfahl $\lambda = 1:15$ $l = 80$ cm.
Bodenart: trockner Sand.
Zusammenstellung der Ergebnisse.

Vers. Nr.	Porenvolumen	Grenztragfähigkeit des Gesamtpfahles	$M_D{}^1$ in kg	in %[2]	$M_Z{}^1$ in kg	in %[2]
1	36	500	362	72,5	35	7
2	36,8	350	251	71,7	27	8
3	33	1200	—	—	—	—
4	—	516	319	61,9	32	6
5	34,9	783	—	—	—	—
6	34,7	625	426	68,2	35	6
7	33,2	1080	—	—	—	—
8	—	438	317	72,3	30	7
9	—	376	276	73,5	25	7
10	—	500	158	68,4	—	—
11	33	800	482	60,2	—	—

bedeutet, daß die Zunahme der Mantelreibung und des Spitzenwiderstandes beim Eindringen des Pfahles in das Erdreich zu gering ist, um das weitere Einsinken des Pfahles zu verhindern. Diese Grenztragfähigkeit wird als kennzeichnendes Maß für die noch näher zu untersuchenden Einflüsse (vgl. Abschnitt IV C, b u. d) zugrunde gelegt.

b) Verteilung der Grenztragfähigkeit des gesamten Pfahles auf Mantel und Spitze.

Die Annahme, daß die Verteilung der Auflast auf Mantel und Spitze je nach Pfahl und Boden verschieden sein kann, führte dazu, die einzelnen Zusammenhänge näher zu untersuchen:

Die Ergebnisse der Versuche sind in den Tab. 3—10 zusammengefaßt und in den Abb. 15—19 bildlich dargestellt. Die Versuche sind dabei in einzelne Versuchsreihen folgendermaßen unterteilt:

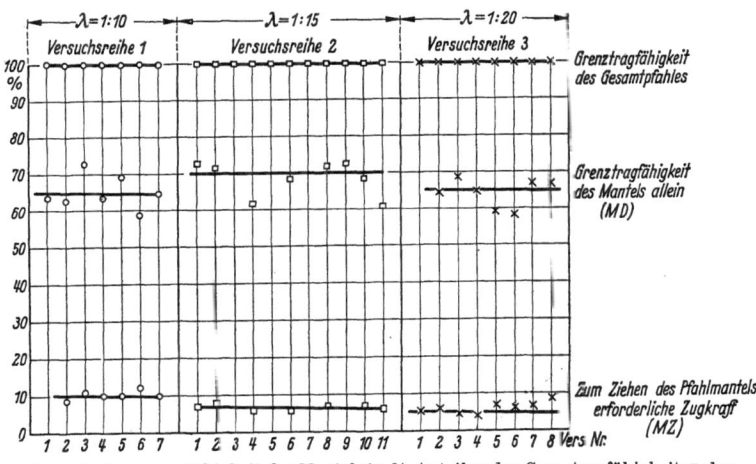

Abb. 15. Grenztragfähigkeit des Mantels in %-Anteilen der Grenztragfähigkeiten des Gesamtpfahles für verschiedene Schlankheitsgrade λ (Stahlmantelpfahl in trockenem Sand).

Tabelle 5. 3. Versuchsreihe.
Stahlmantel-Pfahl $\lambda = 1:20$ $l = 80$ cm.
Bodenart: trockner Sand.
Zusammenstellung der Ergebnisse.

Vers. Nr.	Porenvolumen	Grenztragfähigkeit des Gesamtpfahles	$M_D{}^1$ in kg	in %[2]	$M_Z{}^1$ in kg	in %[2]
1	34,4	458	—	—	25	6
2	35	467	301	64,4	25	5
3	35,3	333	229	68,3	15	5
4	36,5	233	150	64,6	10	4
5	34	574	335	58,4	40	7
6	35,2	384	216	56,4	25	7
7	34,5	500	333	66,6	35	7
8	36,2	250	167	67	22	9

Tabelle 6. 4. Versuchsreihe.
Beton-Pfahl $\lambda = 1:10$ $l = 80$ cm.
Bodenart: trockner Sand.
Zusammenstellung der Ergebnisse.

Vers. Nr.	Porenvolumen	Grenztragfähigkeit des Gesamtpfahles	$M_D{}^1$ in kg	in %[2]	$M_Z{}^1$ in kg	in %[2]
1	35,6	883	635	72,0	85	9,6
2	37,2	730	555	76,2	65	8,9
3	34,2	1217	937	77,0	170	14,0
4	35,5	900	695	77,0	120	13,3
5	35	1070	800	75,0	150	14,0
6	36,4	833	609	73,2	140	16,7
7	34,7	1130	842	74,5	160	14,2

18 Modellversuche über das Zusammenwirken von Mantelreibung, Spitzenwiderstand und Tragfähigkeit von Pfählen.

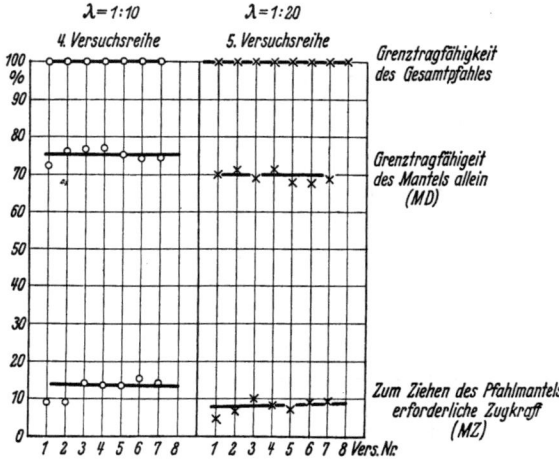

Abb. 16. Grenztragfähigkeiten des Mantels in %-Anteilen der Grenztragfähigkeiten des Gesamtpfahles für verschiedene Schlankheitsgrade λ (Betonpfahl).

Tabelle 7. 5. Versuchsreihe.

Beton-Pfahl $\lambda = 1:20$ $l = 80$ cm.

Bodenart: trockner Sand.

Zusammensetzung der Ergebnisse.

Vers. Nr.	Poren- volumen	Grenztrag- fähigkeit des Gesamtpfahles	M_D[1]		M_z[1]	
			in kg	in %[2]	in kg	in %[2]
1	—	400	280	70,0	25	6
2	36,3	417	297	71,0	30	7
3	34,7	483	334	69,3	50	10
4	35,8	417	297	71,0	35	8
5	36,4	341	232	68,0	25	7
6	37,6	283	193	68,3	25	9
7	34,6	525	363	69,3	50	10

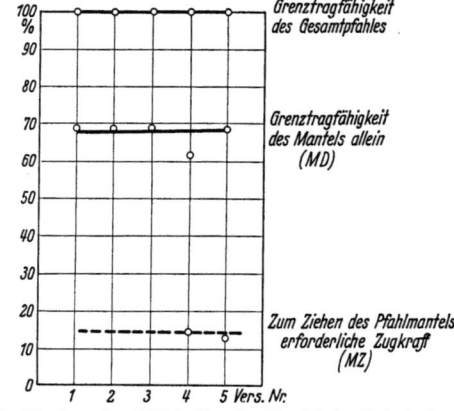

Abb. 17. Grenztragfähigkeiten des Mantels in %-Anteilen der Grenztragfähigkeiten des Gesamtpfahles (Stahlmantelpfahl $\lambda = 1:20$ in feuchtem Sand), Versuchsreihe 6.

Tabelle 8. 6. Versuchsreihe.

Stahlmantel-Pfahl $\lambda = 1:20$ $l = 80$ cm.

Bodenart: feuchter Sand.

Zusammenstellung der Ergebnisse.

Vers. Nr.	Poren- volumen	Grenztrag- fähigkeit des Gesamtpfahles	M_D[1]		M_z[1]		Wasser- gehalt des Sandes %[*]
			in kg	in %[2]	in kg	in %[2]	
1	38,5	400	275	68,7	—	—	8—9
2	39,5	333	230	69,0	—	—	8—9
3	—	333	230	69,0	—	—	8—9
4	37,2	450	275	61,2	65	14,5	8—9
5	33,8	633	441	69,5	90	14,2	8—9

* vom Trockengewicht.

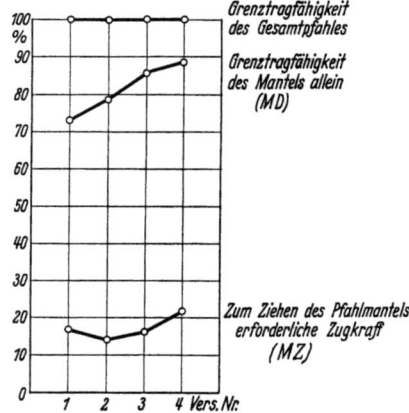

Abb. 18. Grenztragfähigkeiten des Mantels in %-Anteilen der Grenztragfähigkeiten des Gesamtpfahles ($\lambda = 1:20$), Versuchsreihe 7.

Tabelle 9. 7. Versuchsreihe.

Mantel rauh. Abnehmende Rauhigkeit der Spitze

$\lambda = 1:20$ $l = 80$ cm.

Zusammenstellung der Ergebnisse.

Vers. Nr.	Poren- volumen	Grenztrag- fähigkeit des Gesamtpfahles	M_D[1]		M_z[1]	
			in kg	in %[2]	in kg	in %[2]
1	36,2	367	269	73	63	17
2	36	350	275	79	50	14
3	36	316	271	86	50	16
4	36,6	367	325	89	83	22

[1] M_D = Grenztragfähigkeit des Mantels,
   M_z = zum Ziehen des Mantels erforderliche Kraft.
[2] In % der Grenztragfähigkeit des Gesamtpfahles.

Durchführung und Ergebnisse der Versuche.

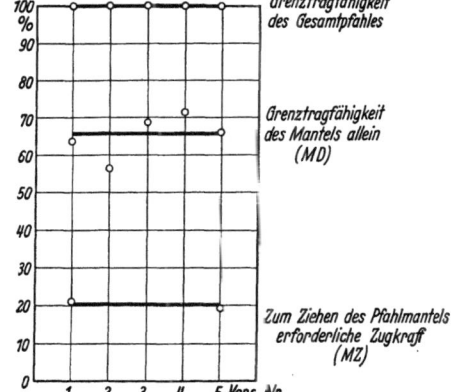

Abb. 19. Grenztragfähigkeiten des Mantels in %-Anteilen der Grenztragfähigkeiten des Gesamtpfahles. Bohrpfahl $\lambda = 1:10$ (in trockenem Sand), Versuchsreihe 8.

Tabelle 10. 8. Versuchsreihe. — Bohrpfahl.
Stahlmantel-Pfahl $\lambda = 1:10$. Bodenart: Sand trocken.
Zusammenstellung der Ergebnisse.

Vers. Nr.	Porenvolumen	Grenztragfähigkeit des Gesamtpfahles	M_D[1] in kg	in %[2]	M_Z[1] in kg	in %[2]
1	33,8	720	460	64	152	21
2	33,8	700	400	57	—	—
3	35,6	420	290	69	—	—
4	34,5	—	—	—	130	—
5	35,8	466	335	72	87	19
6	36,9	400	269	67	—	—
7	37,4	—	—	—	50	—
8	38,7	—	—	—	27	—

Rammpfähle:

1. Versuchsreihe: Versuch mit Stahlmantelpfahl . . . . $\lambda = 1:10$ ⎫
2. Versuchsreihe: „ „ „ . . . . $\lambda = 1:15$ ⎬ in trocknem Sand
3. Versuchsreihe: „ „ „ . . . . $\lambda = 1:20$ ⎭
4. Versuchsreihe: „ „ Betonpfahl . . . . $\lambda = 1:10$
5. Versuchsreihe: „ „ „ . . . . $\lambda = 1:20$
6. Versuchsreihe: „ „ Stahlmantelpfahl in feuchtem Sand . . . . $\lambda = 1:20$
7. Versuchsreihe: „ „ Betonmantel, aber abnehmender Rauhigkeit der Spitze in trocknem Sand $\lambda = 1:20$

Bohrpfähle:

8. Versuchsreihe: Versuch mit Stahlmantelpfahl in trocknem Sand . . . . $\lambda = 1:10$

Für die einzelnen Versuchsreihen wurden die mittleren Fehler berechnet. Hierdurch ergaben sich folgende Fehlerwerte:

    1. Versuchsreihe (Tab. 3, Abb. 15): 4,4%
    2.   „   („ 4, „ 15): 4,7%
    3.   „   („ 5, „ 15): 4,1%
    4.   „   („ 6, „ 16): 1,78%
    5.   „   („ 7, „ 16): 1,12%
    6.   „   („ 8, „ 17): 2,85%.

Der mittlere Fehler aus sämtlichen Versuchsreihen beträgt 3,5%.

Hierbei ist zu berücksichtigen, daß innerhalb der einzelnen Versuchsreihen eine Anzahl von Versuchen mit verschiedenen Lagerungsdichten durchgeführt wurden. Parallelversuche, d. h. Versuche mit gleichen Lagerungsdichten, ergaben im Durchschnitt bedeutend geringere Abweichungen.

1. Einfluß der Rammwirkung.

Die Verteilung der Gesamtlast auf Mantel und Spitze ist unabhängig davon, ob der Pfahl eingerammt wurde oder nicht. Bei den Versuchen, die mit beiden, sonst vollkommen gleichen Pfählen durchgeführt wurden, stimmten, wie die Abb. 15 und 19 beweisen, die Werte für den „Bohrpfahl" mit denen des Rammpfahles überein, und zwar übernahm der Pfahlmantel in beiden Fällen 65—70% der Gesamtlast.

2. Einfluß der Reibung zwischen Pfahl und Boden.

Die Versuche wurden mit zwei verschiedenen Rauhigkeiten der Pfahloberflächen durchgeführt, und zwar mit zwei annähernden Äußerstwerten: erstens einem Stahlmantelpfahl, dessen Oberfläche verhältnismäßig glatt war, und zweitens einem „Beton"-Pfahl mit einer mit Sand aufgerauhten Oberfläche. Die Reibungsbeiwerte zwischen Pfahl und Boden waren für den Stahlmantelpfahl: $\operatorname{tg} \varphi_1 = 0{,}435$, $\varphi_1 = 23{,}5°$ (vgl. „Vorversuche", Abschnitt IV. A c); für den Betonpfahl: $\operatorname{tg} \varphi_1 = 0{,}6$, $\varphi_1 = 31°$.

Ein Vergleich der Abb. 15 und 16 läßt erkennen, daß die Verteilung der Gesamtlast auf Mantel und Spitze nur wenig von der Rauhigkeit der Pfahloberfläche abhängt: gegenüber einem Anteil der Mantellast an der Gesamtlast von rd. 65% beim Stahlmantelpfahl — wenn man von den ungenauen Werten des Pfahles $\lambda = 1:15$ absieht — beträgt der gleiche Anteil beim Betonpfahl 70—75%. Das bedeutet eine Erhöhung um nur 5—10%. Diese Ergebnisse für die einzelnen Rauhigkeiten können also, bei einer Nutz-

---
[1 u. 2] Siehe Fußnoten S. 18.

anwendung der Versuche auf die Wirklichkeit, einander gleichgesetzt werden. Voraussetzung dabei ist aber, daß Pfahlmantel und Pfahlspitze die gleiche Rauhigkeit besitzen. Ist dies nicht der Fall, so ändern sich mit der Verschiedenheit der Rauhigkeit auch die Lastanteile, die von den einzelnen Pfahlteilen aufgenommen werden.

3. Einfluß der verschiedenen Rauhigkeit von Mantel und Spitze
(Tab. 9, Abb. 18) (7. Versuchsreihe).

Unter Zuhilfenahme von verschiedenen Binde- und Klebemitteln gelang es, eine Reihe von Versuchen derart durchzuführen, daß bei jedem Versuch die Spitze glatter war als bei dem vorhergehenden. Dabei schwankten die Reibungsbeiwerte zwischen Boden und Pfahlspitze von tg $\varphi_1 = 0{,}6$ bis tg $\varphi_1 = 0{,}4$. Aber die Rauhigkeit des Mantels blieb stets die gleiche (tg $\varphi_1 = 0{,}6$). Da beim ersten Versuch tg φ_1 von Mantel und Spitze gleich waren, übernahm der Mantel auch — wie bei den Versuchsreihen 4 und 5 — 73% der Grenztragfähigkeit des Gesamtpfahles. Dieser Wert von 73% stieg aber bei den folgenden Versuchen mit abnehmender Rauhigkeit der Spitze bis auf 89%, so daß im Verhältnis zum Pfahlmantel die glatte Spitze nur 11% von der Gesamtlast übernahm. Dementsprechend sank auch die Tragfähigkeit des Pfahles, worüber im Abschnitt IV Cd, ,,Abhängigkeit der Tragfähigkeit der Pfähle von Boden und Pfahl'', berichtet wird.

Man kann aus diesen Versuchen den Schluß ziehen, daß der Spitzenwiderstand des Pfahles nicht — wie vielfach angenommen wird — der Grundfläche proportional ist. Die Größe der Reibung zwischen Pfahlspitze und Boden hat vielmehr ebenfalls einen Einfluß auf die Verteilung der Auflast auf Mantel und Spitze und — wenn auch nur in geringem Ausmaße — auf die Höhe der Tragfähigkeit des Pfahles. In ungleichmäßigen Böden, d. h. bei verschiedenen Schichten, wird, trotzdem Mantel und Spitze gleiche Rauhigkeit aufweisen, die Reibung der einzelnen Pfahlteile mit dem Boden auch verschieden sein, ähnlich wie bei den durchgeführten Versuchen. Demgemäß wird sich auch der von der Spitze übernommene Lastanteil den physikalischen Eigenschaften des Bodens entsprechend ändern. Leider gestattete es die Versuchsanordnung nicht, die Rauhigkeit der Pfahlspitze innerhalb größerer Grenzen schwanken zu lassen und gleichzeitig auch den Einfluß der Veränderung der Spitzenform (verdickter Pfahlfuß) auf die Verteilung der Auflast durch Versuche zu klären. Dies bleibt späteren Ergänzungsversuchen vorbehalten, die bereits geplant sind und im großen auf Baustellen durchgeführt werden sollen.

4. Einfluß des Schlankheitsgrades der Pfähle
(vgl. Abb. 15/16).

Genau so wie die Rauhigkeit der Pfahloberfläche hat der Schlankheitsgrad ($\lambda =$ Durchmesser/Länge des Pfahles) nur unwesentlichen Einfluß auf die Verteilung der Gesamttragfähigkeit auf Mantel und Spitze. Sowohl bei der Versuchsreihe 1 als bei der Versuchsreihe 3 (Stahlmantelpfahl $\lambda = 1:10$ und $1:20$) übernimmt der Mantel in beiden Fällen $\sim 65\%$ der Grenztragfähigkeit des gesamten Pfahles. Der Pfahl mit $\lambda = 1:15$ scheidet — wie bereits oben erwähnt — für die Druckversuche aus. Beim Betonpfahl zeigt sich zwischen den verschiedenen Schlankheitsgraden ein Unterschied von 5%. Die Werte der einzelnen Versuche weichen nur sehr wenig voneinander ab, ganz im Gegensatz zu den Stahlmantelpfählen. Trotzdem wäre es falsch, aus dem Wert von 5% Rückschlüsse zu ziehen auf die Bedeutung des Schlankheitsgrades. Dieser Unterschied in den Versuchsergebnissen beider Pfähle liegt noch innerhalb der durch die Herstellung der Pfähle bedingten Fehlergrenze. Innerhalb der üblichen in Wirklichkeit auftretenden Grenzen von $\lambda = 1:15$ bis $\lambda = 1:35$ kann der von dem Mantel übernommene Anteil mit 65—75% als annähernd gleichbleibend angesehen werden.

5. Einfluß der Lagerungsdichte des Sandes.

Die Versuche wurden in homogenem Sandboden mit verschiedener Lagerungsdichte durchgeführt. Dabei ergab sich, daß die Lastanteile von Mantel und Spitze vollkommen unabhängig sind von der Lagerung bzw. dem Porenvolumen des Sandes. Auch die Streuung der einzelnen Versuche steht in keinerlei Beziehung zum Porenvolumen.

6. Einfluß der Bodenart.

Durch Zusatz von Wasser erhielt der Sand eine geringe Kohäsion, und sein Raumgewicht änderte sich gegenüber dem trocknen Sand bei gleichbleibendem Porenvolumen. Die Änderungen der bodenphysikalischen Eigenschaften des Sandes beeinflußten die Größe der Lastanteile von Mantel und Spitze nicht (vgl. Abb. 15 u. 17). Man kann also auf Grund der Versuche annehmen, daß in homogenen Böden mit gleichbleibender Lastverteilung auf Mantel und Spitze gerechnet werden kann. Allerdings müßte diese Behauptung vor ihrer praktischen Nutzanwendung erst noch durch Großversuche ihre Bestätigung finden.

7. Rechnerischer Nachweis der Verteilung der Grenztragfähigkeit auf Mantel und Spitze.

Rechnerisch läßt sich aus den Versuchen ebenfalls nachweisen, daß der Pfahlmantel die Grenztragfähigkeit des Pfahles maßgebend beeinflußt:

Die Grenztragfähigkeit der Pfähle sinkt — nach Abb. 21 u. 22 — mit zunehmender Schlankheit der Pfähle. So betragen z. B. die Grenztragfähigkeiten für ein Porenvolumen des trocknen Sandes von 34%

$$\begin{aligned}\text{bei } \lambda &= 1:20 & p &= 580 \text{ kg}\\ \lambda &= 1:15 & p &= 900 \text{ kg}\\ \lambda &= 1:10 & p &= 1140 \text{ kg}\end{aligned}$$

Die Fläche der Spitze wächst mit dem Quadrat des Pfahl-Halbmessers, die Mantelfläche dagegen nur mit dem Halbmesser. Für den Fall, daß die Spitze fast ausschließlich die durch größeren Halbmesser bedingte höhere Grenztragfähigkeit übernehmen würde, müßte p/r^2 einen annähernd konstanten Wert annehmen, andernfalls, d. h. also, wenn dem Mantel der Haupteinfluß zukommt, muß die Grenztragfähigkeit dem Halbmesser annähernd proportional sein.

Es ergeben sich folgende Werte:

λ	r	p/r^2	p/r
1:20	2	145	290
1:15	3	100	300
1:10	4	71	285

Man erkennt, daß die Werte p/r auffallend gut übereinstimmen. Das bedeutet, daß die Grenztragfähigkeit dem Halbmesser und nicht dem Quadrat des Halbmessers proportional ist, daß also der Pfahlmantel auch bei verschiedenen Schlankheitsgraden den Hauptanteil der Grenztragfähigkeit übernimmt, während der Spitzenanteil nur linear wächst, trotzdem die Spitzenfläche sich mit dem Quadrat des Radius vergrößert.

c) Widerstand des Pfahlmantels gegen Druck und Zug.

Durch die Reibung zwischen Pfahl und Boden werden bei jeder geringen, durch Druck oder Zug entstandenen Bewegung des Pfahles die Kräfte auf den Boden und innerhalb des Bodens von Korn zu Korn übertragen. Bei der Mantelbelastung sind diese Kräfte nach unten gerichtet (vgl. Abb. 20) und finden im Boden ein festes Widerlager. Die auf den Boden übertragene Zugkraft ist nach oben gerichtet. Auch hier überträgt sich die Kraft von Korn zu Korn, findet aber an der Oberfläche kein Widerlager. Lediglich der Erddruck wirkt der Zugkraft entgegen.

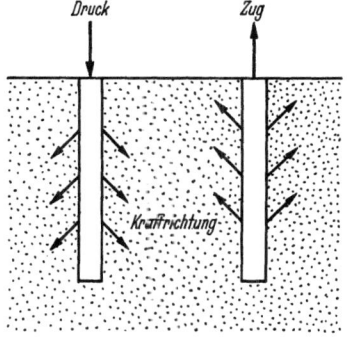

Abb. 20.

Der Zugwiderstand (M_z-Wert) der Pfähle erreicht je nach Schlankheit der Pfähle und Beschaffenheit der Pfahloberfläche einen verschieden hohen Hundertsatz der Grenztragfähigkeit des Gesamtpfahles (vgl. Abb. 15/16).

Für Rammpfähle gelten folgende Angaben: Je schlanker der Pfahl ist, um so geringer wird der Zugwiderstand, gemessen an der jeweiligen Grenztragfähigkeit. Von 10% für den Stahlmantelpfahl mit $\lambda = 1:10$ sinkt der M_z-Wert auf 6—7% beim Pfahl mit $\lambda = 1:15$ und 5% beim Pfahl mit $\lambda = 1:20$ (1. bis 3. Versuchsreihe). Um wenige Prozent höher liegen die M_z-Werte für den Betonpfahl: 14% für $\lambda = 1:10$ und 8% für $\lambda = 1:20$ (4. und 5. Versuchsreihe). Mit dem Anteil der Mantelreibung an der Grenztragfähigkeit (M_D-Wert) wächst auch der M_z-Wert und erreicht (vgl. Abb. 18, Versuchsreihe 7) eine Höhe von 22% für $M_D = 89\%$. Das Verhältnis des Zugwiderstandes zur Grenztragfähigkeit (M_z-Wert) ist von der Lagerungsdichte des Sandes unabhängig. Die Grenztragfähigkeit selbst aber ändert sich, wie im Abschnitt IVCd gezeigt werden wird, mit der Lagerungsdichte. Geringe Änderung der bodenphysikalischen Eigenschaften des Sandes führt ebenfalls eine Änderung der Höhe des M_z-Wertes mit sich. Durch Anfeuchten erhielt der Sand geringe Kohäsion; daraufhin stieg, wie ein Vergleich der 6. mit der 3. Versuchsreihe zeigt, der M_z-Wert von 5% auf 13%.

Der Zugwiderstand von Bohr- und Rammpfählen ist, wie später gezeigt wird, abhängig von dem auf den Pfahlmantel wirkenden aktiven Erddruck. Da dieser sich aber durch die Rammwirkung nicht wesentlich ändert, andererseits die Tragfähigkeit des Pfahles (vgl. Abschnitt IVCd) sich in bedeutend höherem Maße steigert, sind die Werte für den Zugwiderstand, gemessen in Kilogramm, für Bohr- und Rammpfahl zwar die gleichen, aber, ausgedrückt im Hundertsatz der Grenztragfähigkeit (M_z-Wert), erhöht sich der Wert von 10 auf 20% (vgl. Abb. 15 u. 19) (bei Stahlmantelpfahl $\lambda = 1 : 10$).

Die Ergebnisse der Pfahldruck- und -zugversuche zeigen, daß man aus den Zugversuchen keine unmittelbaren Schlüsse auf die Höhe der Mantelreibung ziehen kann.

d) Abhängigkeit der Grenztragfähigkeit der Pfähle von Boden und Pfahl.

1. Einfluß der Rammwirkung.

Der Einfluß der Rammwirkung auf die Höhe der Tragfähigkeit wurde bereits von Zimmermann [16] eingehend untersucht. Der Verdichtung des an dem Pfahl anstehenden Bodens entsprechend erhöht sich die Grenztragfähigkeit. Bei den Versuchen ergab sich, daß der Bohrpfahl nur dann die gleiche Tragfähigkeit wie der Rammpfahl besitzt, wenn das Porenvolumen des Sandes um den Bohrpfahl um 3% geringer ist als das des Bodens, in den der Rammpfahl gerammt worden ist, d. h. daß durch die Rammwirkung das Porenvolumen sich um 3% verringert.

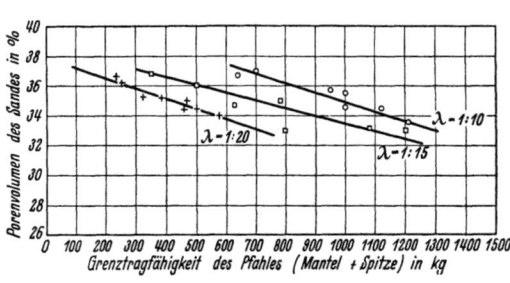

Abb. 21. Abhängigkeit der Tragfähigkeit des Pfahles von der Lagerungsdichte des Sandes. Stahlmantelpfahl. Versuchsreihe 1 bis 3.

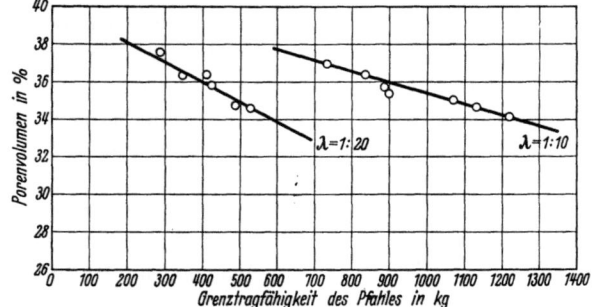

Abb. 22. Abhängigkeit der Tragfähigkeit des Pfahles von der Lagerungsdichte des Sandes. Betonpfahl. Versuchsreihe 4 u. 5.

2. Einfluß der Lagerungsdichte des Sandes.

In Abb. 21—24 ist die Grenztragfähigkeit in Abhängigkeit von der Lagerungsdichte (Porengehalt) des Sandes aufgetragen.

Die Äußerstwerte des Porengehaltes sind nach den Vorversuchen (Abschnitt IV A d) für die lockerste Lagerung $n_o = 41,2\%$ und für die dichteste Lagerung $n_D = 30\%$. Innerhalb dieses Bereiches zeigen die Versuchsergebnisse eine gradlinige Abhängigkeit der Grenztragfähigkeit von der Lagerungsdichte. Von dem Pfahl mit $\lambda = 1 : 15$ abgesehen, dessen Ergebnisse ohnehin nicht einwandfrei sind, ergibt sich für alle Versuchsreihen annähernd das gleiche Abhängigkeitsverhältnis.

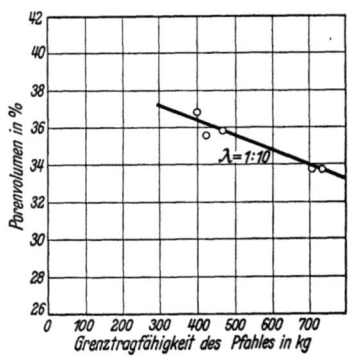

Abb. 23. Abhängigkeit der Tragfähigkeit des Pfahles von der Lagerungsdichte des Sandes. Stahlmantelpfahl in feuchtem Sand. Versuchsreihe 6.

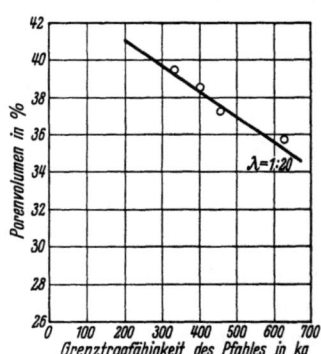

Abb. 24. Abhängigkeit der Tragfähigkeit des Pfahles von der Lagerungsdichte des Sandes. Bohrpfahl in trockenem Sand, Versuchsreihe 8.

Für die Beurteilung der Grenztragfähigkeit und somit auch der Tragfähigkeit eines Pfahles spielt die Lagerungsdichte des Bodens eine maßgebliche Rolle. Eine Verminderung des Porengehaltes um wenige Prozent brachte bei den Versuchen mit dem Pfahl $\lambda = 1 : 20$ sogar eine Verdoppelung der Grenztragfähigkeit mit sich.

Die vorstehenden Ausführungen über den Einfluß der Lagerungsdichte des Sandes auf die Höhe der Grenztragfähigkeit des Pfahles und über den Einfluß der Reibung zwischen Pfahl und Boden beziehen sich im wesentlichen nur auf die Versuchsergebnisse und müssen — wie wiederholt in der Arbeit betont wird — durch Versuche der Praxis bestätigt werden. Allgemein gilt jedoch, daß die Lagerungsdichte des Sandes die Tragfähigkeit wesentlich beeinflußt.

3. Einfluß der Reibung zwischen Pfahl und Boden.

Die Zunahme des Reibungswertes zwischen Pfahl und Boden bewirkt auch eine Erhöhung der Grenztragfähigkeit. Zwischen dem verhältnismäßig glatten Stahlmantelpfahl (tg $\varphi_1 = 0,43$ zwischen Pfahl und Boden) und dem „Beton"-Pfahl mit sehr rauher Oberfläche (tg $\varphi_1 = 0,6$) liegt die Größenordnung der Zunahme der Grenztragfähigkeit bei etwa 50 kg, und zwar gilt dieser ungefähre Wert für alle Lagerungsdichten. Die Änderung des Reibungsbeiwertes drückt sich demnach nur aus in einer geringen Verschiebung (annähernd parallel) der Geraden (vgl. Abb. 21 u. 22). Verglichen mit der unter anderen Einflüssen (Änderung der Lagerungsdichte des Sandes und des Schlankheitsgrades der Pfähle) eintretenden Zu- oder Abnahme der Grenztragfähigkeit, ist der Einfluß der Reibung zwischen Pfahl und Boden nur gering. Erst recht gilt dies für die Bestimmung der „Tragfähigkeit", die nur einen gewissen Hundertsatz der Grenztragfähigkeit beträgt.

Gleichbedeutend damit ist, daß auch eine Veränderung des Reibungsbeiwertes der Spitze allein (7. Versuchsreihe) auf die Höhe der Grenztragfähigkeit keinen nennenswerten Einfluß hat.

4. Einfluß des Schlankheitsgrades der Pfähle.

Bei gleichbleibender Pfahllänge und gleichem Porengehalt des Bodens vermindert sich die Grenztragfähigkeit erheblich mit zunehmendem Schlankheitsgrad. Vergleicht man die 1. und 3. und ebenfalls die 4. und 5. Versuchsreihe, so erkennt man, daß die Grenztragfähigkeit des Pfahles mit $\lambda = 1 : 10$ für jeden Porengehalt um ~ 500 kg höher liegt als die des Pfahles mit $\lambda = 1 : 20$. Die Zunahme der Schlankheit des Pfahles drückt sich demnach aus in einer für jede Lagerungsdichte fast gleich großen Abnahme der Grenztragfähigkeit.

V. Berechnung der Tragfähigkeit von Pfählen.

a) Abänderung der Dörrschen Formel unter Berücksichtigung der durch die vorstehend beschriebenen Modellversuche gewonnenen Erkenntnisse.

Im nachfolgenden Abschnitt V a wird lediglich der Versuch unternommen, die ausgeführten Modellversuche an Hand der Dörrschen Formel zu untersuchen bzw. die Dörrsche Formel derart abzuändern, daß sie den Ergebnissen der Modellversuche entspricht.

Die gebräuchlichste Formel zur Berechnung von Pfählen ist diejenige von Dörr.

Die zulässige Belastung (T_{zul}), die nach den Formeln berechnet wird, beträgt nur einen Bruchteil der Grenztragfähigkeit (P), die in der vorliegenden Arbeit als Vergleichsmaß eingeführt wurde, und zwar ist, wie die in der Tab. 11 zusammengestellten Werte zeigen, die „zulässige Tragfähigkeit" nach Dörr je nach Lagerungsdichte des Bodens 8—20% der Grenztragfähigkeit. Der Wert von 29% (Pos.-Nr. 6) dürfte einen Ausnahmefall darstellen.

Der verhältnismäßig große Bereich von 8—20% läßt erkennen, daß die Dörrsche Formel der Veränderung der Lagerungsdichte nicht in vollem Maße Rechnung trägt. Unter Zugrundelegung eines Wertes von 15—16% — d. h. einer sechsfachen Sicherheit — kann die Änderung der Belastbarkeit — (Z_{zul}) — mit der Lagerungsdichte dadurch in die Dörrsche Formel einbezogen werden, daß ein dem Raumgewicht entsprechender zusätzlicher Faktor eingeführt wird.

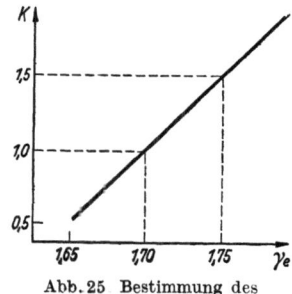

Abb. 25 Bestimmung des Verbesserungswertes K.

Nach Dörr ergaben sich bei den Modellversuchen für $T_{zul}/P \cdot 100$ Werte von rd. 10% für das Raumgewicht $\gamma_e = 1,75$; von 15—16% für $\gamma_e = 1,7$ und 18—20% für $\gamma_e = 1,67$, d. h. also, daß für $\gamma_e = 1,7$ die Dörrsche Formel bereits mit einer sechsfachen Sicherheit rechnet.

Abb. 25 zeigt die Abhängigkeit des zur Erreichung der sechsfachen Sicherheit einzuführenden Faktors K von dem Raumgewicht.

$$1 + 10 (\gamma_e - 1,7) = K$$
$$K = 10 \gamma_e - 16.$$

Dieser Wert gilt vorläufig für Sandböden und ist für andere Bodenarten noch nachzuweisen.

Wie bereits auf S. 20 erwähnt, besteht zwischen den Anteilen von Mantel (M) und Spitze (S) an der Gesamttragfähigkeit ein annähernd konstantes Verhältnis (c) und zwar beträgt bei Sandböden:

$c = S/M$ für Eisenmantelpfähle   0,43—0,54,
für Betonpfähle . . .   0,33—0,45.

Hiervon ist, je nach den Verhältnissen, der ungünstigste Wert anzunehmen.

Die Dörrsche Formel zerfällt in zwei Teile und zwar werden Spitzenwiderstand und Mantelreibung getrennt erfaßt. In Spalte 13 und 14 der Tab. 11 sind beide getrennt ausgerechnet. Der Wert S/M ist nach Dörr je nach Schlankheitsgrad des Pfahles und der Beschaffenheit der Pfahloberfläche verschieden.

24 Modellversuche über das Zusammenwirken von Mantelreibung, Spitzenwiderstand und Tragfähigkeit von Pfählen.

Auf S. 21 wurde bewiesen, daß dem Pfahlmantel der maßgebende Einfluß auf die Gesamttragfähigkeit des Pfahles zukommt. Deshalb bildet der der Berechnung der Mantelreibung entsprechende Teil der Dörrschen Formel die Grundlage der nachstehend entwickelten Pfahlformel.

Tabelle 11.

Pos.	Vers.-Reihe	Schlankheitsgrad λ	Pfahloberfläche	r cm	φ	φ_1	n	γ_e %	Grenztragfähigkeit P in kg	$\dfrac{S}{M}$	$\dfrac{S}{M} \cdot 100$	Zulässige Tragfähigkeit nach Dörr (T_{zul})				
												Mantel kg	Spitze kg	$\dfrac{S}{M} \cdot 100$ %	Insges. T_{zul} in kg	$\dfrac{T_{zul}}{P} \cdot 100$ %
1	2	3	4	5	6	7	8	9	10	11	12	13	14	15	16	17
1	1	1:10	Eisen	4	31°	23°	34	1,75	1140	35/65	54	80	22,8	28,5	102,8	9
2	1	1:10	Eisen	4	31°	23°	36	1,70	820	35/65	54	78	22,1	28,4	100,1	12
3	1	1:10	Eisen	4	31°	23°	37	1,67	650	35/65	54	76,5	21,7	28,4	98,2	15
4	3	1:20	Eisen	2	31°	23°	34	1,75	580	35/65	54	40	5,7	14,2	45,7	8
5	3	1:20	Eisen	2	31°	23°	36	1,70	280	35/65	54	39	5,6	14,4	44,6	16
6	3	1:20	Eisen	2	31°	23°	37	1,67	150	35/65	54	38,2	5,45	14,3	43,7	29
7	4	1:10	Beton	4	31°	31°	34	1,75	1230	25/75	33	114	22,8	20,0	136,8	11
8	4	1:10	Beton	4	31°	31°	36	1,70	900	25/75	33	111	22,1	19,9	133,1	15
9	4	1:10	Beton	4	31°	31°	37	1,67	720	25/75	33	109	21,7	19,9	130,7	18
10	5	1:20	Beton	2	31°	31°	34	1,75	590	30/70	43	57	5,7	10,0	62,7	11
11	5	1:20	Beton	2	31°	31°	36	1,70	400	30/70	43	55,5	5,6	10,1	61,1	15
12	5	1:21	Beton	2	31°	31°	37	1,67	300	30/70	43	55	5,45	10,0	60,5	20

Die Dörrsche Formel lautet für zylindrische Pfähle:
$$T = S + M,$$
$$T = \pi/4 \cdot \gamma_e \operatorname{tg}^2 (\pi/4 + \varphi/2) \cdot d^2 \cdot l + \pi/2 \cdot \mu \cdot \gamma_e (1 + \operatorname{tg}^2 \varphi) \cdot d \cdot l^2,$$
hierin bedeuten:
T = zulässige Tragfähigkeit des Pfahles,
γ_e = Raumgewicht des Bodens,
φ = Reibungswinkel des Bodens,
d = Pfahldurchmesser,
l = Rammtiefe,
μ = Reibungskoeffizient zwischen Pfahl und Boden.

Bei Berücksichtigung der Ergebnisse der Modellversuche ergeben sich folgende Änderungen:
1. Einführung des Korrektionswertes $K = 10 \gamma_e - 16$.
2. Die Dörrsche Formel lautet in der ursprünglichen Form:
$$T = S + M$$
und wird nach Einführung des $c = S/M$-Wertes in
$$T = (1 + S/M) \cdot M$$
abgeändert.

Mithin ist:
$$T = (1 + c) \cdot \pi/2 \cdot \mu \cdot d \cdot l^2 \cdot K \cdot \gamma_e (1 + \operatorname{tg}^2 \varphi),$$
$$T = (1 + c) \cdot \pi/2 \cdot \mu \cdot d \cdot l^2 (10 \gamma_e - 16) \gamma_e (1 + \operatorname{tg}^2 \varphi).$$

Die Tab. 12 enthält nach dieser Formel errechnete Werte für T_{zul}, auch angegeben in Prozenten der Grenztragfähigkeit.

Berechnung der Tragfähigkeit von Pfählen.

Bei der Entwicklung der auf S. 24 angegebenen Formel geht Dörr von der Erddrucktheorie aus. Dabei wird angenommen, daß dem Eindringen der Spitze der volle passive Erddruck entgegenwirkt. Dem Umstand, daß beim Belasten des Pfahles eine Verspannung, wie bereits in Abb. 20 dargestellt, eintritt, wird dadurch Rechnung getragen, daß die Mantelreibung nicht unmittelbar aus dem auf den Pfahlmantel wirkenden aktiven Erddruck

$$E = 1/2\, \gamma_e \cdot l^2 \cdot \text{tg}^2\, (45 - \varphi/2)$$

errechnet wird, sondern der Faktor $\text{tg}^2\,(45 - \varphi/2)$ wird ersetzt durch $1 + \text{tg}^2\, \varphi$. Dies ist ein zwischen dem aktiven und passiven Erddruck gelegener Wert.

In Tab. 13a u. b sind zum Vergleich die Werte für T_{zul} zusammengestellt, die sich errechnen lassen, wenn in der abgeänderten Dörrschen Formel der Wert

$$1 + \text{tg}^2\, \varphi$$

ersetzt wird durch $\text{tg}^2\, (\pi/4 + \varphi/2)$ (entsprechend dem passiven Erddruck)
bzw. $\text{tg}^2\, (\pi/4 - \varphi/2)$ (entsprechend dem aktiven Erddruck).

Tabelle 12.

$l = 0{,}80$ m, $l^2 = 0{,}64$ m², $1 + \text{tg}^2\, \varphi = 1{,}36$.

Pos.-Nr.	$1 + c$	μ	d cm	$10\,\gamma_e - 16$	γ_e	T_{zul} kg	$\dfrac{T_{zul}}{P} \cdot 100$
1	1,54	0,42	8	1,5	1,75	186	16
2	1,54	0,42	8	1	1,7	120	15
3	1,54	0,42	8	0,7	1,67	83	13
4	1,54	0,42	4	1,5	1,75	93	16
5	1,54	0,42	4	1	1,7	60	21
6	1,54	0,42	4	0,7	1,67	41	(27)
7	1,33	0,6	8	1,5	1,75	230	19
8	1,33	0,6	8	1	1,7	149	17
9	1,33	0,6	8	0,7	1,67	102	14
10	1,43	0,6	4	1,5	1,75	123	21
11	1,43	0,6	4	1	1,7	80	20
12	1,43	0,6	4	0,7	1,67	55	18

Tabelle 13a. Rammpfahl.

Pos.-Nr.	$T_{1\,zul}$ in kg	$\dfrac{T_{1\,zul}}{P} \cdot 100$ %	$T_{2\,zul}$ in kg	$\dfrac{T_{2\,zul}}{P} \cdot 100$ %	$T_{3\,zul}$ in kg	Z in kg
1	186	16	425	37,4	44	114
2	120	15	274	33,3	28	82
3	83	13	189	29	20	65
4	93	16	212	37	22	35
5	60	21	137	49	14	17
6	41	(27)	94	63	10	9
7	230	19	525	43	54	170
8	149	17	340	38	35	126
9	102	14	232	32	24	110
10	123	21	280	48	29	47
11	80	20	182	45	19	32
12	55	18	125	42	13	24

Daraus ergeben sich folgende Schlußfolgerungen: Selbst wenn man bei der Berechnung der zulässigen Tragfähigkeit den vollen passiven Erddruck einsetzt, erhält man für den Rammpfahl noch eine zwei- bis dreifache Sicherheit und für den Bohrpfahl eine anderthalbfache Sicherheit bis zur Grenztragfähigkeit des Pfahles. Der in der Formel enthaltene „passive Erddruck" ist der der waagerechten Verschiebung einer senkrecht stehenden Wand entgegenwirkende Druck. Da aber die Kraftrichtung, wie Abb. 20 zeigt, nicht waagerecht, sondern nach unten gerichtet ist, muß dem Einsinken des Pfahles ein höherer Widerstand entgegenstehen, als der waagerechten Verschiebung. Hierfür liefern die Ergebnisse der Modellversuche den Beweis.

Tabelle 13b. Bohrpfahl.

Pos.-Nr.	$T_{1\,zul}$ in kg	$\dfrac{T_{1\,zul}}{P} \cdot 100$ %	$T_{2\,zul}$ in kg	$\dfrac{T_{2\,zul}}{P} \cdot 100$ %	$T_{3\,zul}$ in kg	Z kg
1	186	26	420	58	40	152
2	186	26	420	60	40	—
3	130	31	290	68	27	—
4	125	27	280	60	26	87
5	84	21	190	48	18	—

Für die Zugbelastung der Pfähle ist in der Hauptsache der aktive Erddruck maßgebend, so daß die Formel

$$T_{zul} = (1 + c)\, \pi/2\, \mu \cdot d \cdot l^2 \cdot (10\, \gamma_e - 16)\, \gamma_e\, \text{tg}^2\, (45 - \varphi/2)$$

für die Zugbeanspruchung der Pfähle annähernd richtige Werte liefert, einen Sicherheitswert also nicht enthält.

Hierin bedeuten: $T_{1\,zul} = (1 + c) / \pi 2\, \mu\, d\, l^2\, (10\, \gamma_e - 16)\, \gamma_e\, (1 + \text{tg}^2\, \varphi)$,

$T_{2\,zul} = (1 + c)\, \pi/2\, \mu\, d\, l^2\, (10\, \gamma_e - 16)\, \gamma_e\, \text{tg}^2\, (45 + \varphi/2)$,

$T_{3\,zul} = (1 + c)\, \pi/2\, \mu\, d\, l^2\, (10\, \gamma_e - 16)\, \gamma_e\, \text{tg}^2\, (45 - \varphi/2)$,

P = Grenztragfähigkeit,

Z = zum Ziehen des Pfahles benötigte Kraft, durch Versuch bestimmt.

Zusammenfassend kann gesagt werden, daß folgende Formeln mit genügender Genauigkeit und hinreichender Sicherheit angewendet werden können:

Druckbeanspruchung:

Rammpfähle ..... $T_{zul} = (1 + c)\,\pi/2\,\mu \cdot d \cdot l^2 \cdot (10\,\gamma_e - 16)\,\gamma_e\,\mathrm{tg}^2\,(45 + \varphi/2)$,

Bohrpfähle ..... $T_{zul} = (1 + c)\,\pi/2\,\mu \cdot d \cdot l^2 \cdot (10\,\gamma_e - 16)\,\gamma_e\,(1 + \mathrm{tg}^2\,\varphi)$,

Zugbeanspruchung ..... $T_{zul} = 1/\eta\,(1 + c)\,\pi/2\,\mu \cdot d \cdot l^2 \cdot (10\,\gamma_e - 16)\,\gamma_e\,\mathrm{tg}^2\,(45 - \varphi/2)$.

Es bedeuten:

T_{zul} = zulässige Beanspruchung des Pfahles,

$c = \dfrac{S}{M} = \dfrac{\text{Spitzenwiderstand}}{\text{Mantelreibung}}$,

μ = Reibungsbeiwert zwischen Pfahl und Boden,

d = Pfahldurchmesser,

l = Pfahllänge,

γ_e = Raumgewicht des Bodens,

φ = Winkel der inneren Reibung des Bodens,

η = Sicherheitsbeiwert.

Diese Formeln gelten vorerst nur für Sandböden, da sie auf die vorstehend beschriebenen Modellversuche aufgebaut sind und diese bisher nur in Sand durchgeführt wurden.

b) Übertragung in die Wirklichkeit.

Nach Weber [15] gilt ganz allgemein folgende Übertragungsregel: Bei physikalischer Ähnlichkeit ist das Übertragungsverhältnis für zwei entsprechende Definitionsgrößen in der gleichen Weise zu bilden, wie die Maßeinheit der betreffenden Größe aus den Grundeinheiten: m, s, kg usw.

In der Formel für die zulässige Tragfähigkeit von Rammpfählen, z. B.:

$$T_{zul} = (1 + c)\,\pi/2\,\mu \cdot d \cdot l^2 \cdot (10\,\gamma_e - 16)\,\gamma_e\,\mathrm{tg}^2\,(45 + \varphi/2)$$

sind l und d (Pfahlabmessungen) die einzigen Werte, die sich bei der Übertragung in die Wirklichkeit ändern. Hingegen gelten γ_e, μ und φ für jeden beliebigen Pfahl.

Das Verhältnis der Grundeinheit (m) zwischen Modell und Wirklichkeit sei $1 : \varrho$ (Grundverhältnis). Die Werte für die Abmessungen des Großpfahles sind demnach:

$\varrho \cdot d$ = Pfahldurchmesser,

$\varrho \cdot l$ = Pfahllänge.

Diese Werte in die obige Formel eingesetzt, ergeben somit die zulässige Tragfähigkeit des Großpfahles:

$T'_{zul} = (1 + c)\,\pi/2\,\mu \cdot (d \cdot \varrho) \cdot (l \cdot \varrho)^2 \cdot (10\,\gamma_e - 16)\,\gamma_e\,\mathrm{tg}^2\,(45 + \varphi/3)$,

$T'_{zul} = T_{zul} \cdot \varrho^3$,

d. h. daß die zulässige Tragfähigkeit des Großpfahles sich ergibt durch Multiplikation des Modellwertes mit der dritten Potenz des Grundverhältnisses.

Die Übertragung der Korngrößen in die Wirklichkeit würde ergeben, daß die mittlere Modellkorngröße von 0,4 mm etwa einer wirklichen Korngröße von 2—2,5 mm, also einem Grobsand, entsprechen würde. Grundlegenden Einfluß auf die Versuchsergebnisse hat die Korngrößenänderung demnach nicht.

VI. Zusammenfassung.

A. Als eindeutiges Vergleichsmaß für die Lastverteilung auf Mantel und Spitze wurde die „Grenztragfähigkeit" angenommen, da die Versuche zeigten, daß es für den Gesamtpfahl und auch für den Pfahlmantel eine ausgesprochene „Grenztragfähigkeit" gibt, d. h. eine Belastung, bei der der Pfahl ohne Lasterhöhung beständig einsinkt.

B. Die Verteilung der Grenztragfähigkeit des gesamten Pfahles auf Mantel und Spitze schwankt trotz verschiedenartiger Einflüsse nur innerhalb geringer Grenzen.

a) Die Rammwirkung ist ohne Einfluß auf die Verteilung der Gesamtlast auf Mantel und Spitze.

b) Die Größe der Reibung zwischen Pfahl und Boden macht sich — vorausgesetzt, daß Mantel und Spitze gleiche Rauhigkeit besitzen — darin bemerkbar, daß mit der Rauhigkeit der vom Pfahlmantel aufgenommene Anteil der Gesamtbelastung in sehr geringem Maße zunimmt. Dieser Anteil beträgt beim Stahlmantelpfahl ($\mathrm{tg}\,\varphi_1 = 0{,}435$) 65% und beim Betonpfahl ($\mathrm{tg}\,\varphi_1 = 0{,}6$) 70—75%.

c) Bei ungleicher Rauhigkeit von Mantel und Spitze übernimmt mit wachsendem Unterschied, d. h. bei glatter werdender Spitze, der Mantel bis zu 89% der Gesamtlast. Dies ist der Fall für einen Reibungsbeiwert von $\mathrm{tg}\,\varphi_1 = 0{,}6$ für Mantel-Boden und 0,44 für Spitze-Boden. Die Größe der Reibung zwischen den einzelnen Pfahlteilen und dem Boden ist maßgebend für den Anteil, den Mantel und Spitze von der Gesamtlast aufnehmen.

d) Innerhalb der Grenzen der üblichen Schlankheitsgrade von 1 : 15 bis 1 : 35 bleibt der von dem Pfahlmantel übernommene Lastanteil fast unabhängig von der Schlankheit des Pfahles. Die beim Modellversuch auftretenden Abweichungen zwischen den Pfählen mit $\lambda = 1 : 10$ und denen mit $\lambda = 1 : 20$ von 5% (beim „Beton"-Pfahl) liegen noch innerhalb der Fehlergrenzen.

e) Auch die Lagerungsdichte des Sandes ist auf die Höhe der Lastanteile ohne Einfluß.

f) Das gleiche gilt für die Änderung der bodenphysikalischen Eigenschaften der Böden.

C. Zwischen der Grenztragfähigkeit des Pfahlmantels und der zum Ziehen des Pfahles benötigten Zugkraft besteht ein großer Unterschied.

Der Zugwiderstand der Pfähle schwankt bei Rammpfählen — gemessen im Hundertsatz der Gesamt-Grenztragfähigkeit — (M_z-Wert) innerhalb 5—14% je nach Schlankheit und Rauhigkeit der Pfähle. Für Bohrpfähle liegen die M_z-Werte bei 20%. Je schlanker die Pfähle sind, desto niedriger ist der Zugwiderstand, und er wächst mit der Rauhigkeit der Pfahloberfläche.

Die Versuche haben bewiesen, daß aus Zugversuchen die Größe der Mantelreibung nicht bestimmt werden kann.

D. Die Untersuchung der Abhängigkeit der Grenztragfähigkeit der Pfähle von Boden und Pfahl ergab:

a) Es besteht eine klare, fast geradlinige Abhängigkeit der Grenztragfähigkeit von dem Porengehalt des Bodens.

b) Durch erhöhte Rauhigkeit der Pfähle wird eine nur geringe Erhöhung der Grenztragfähigkeit erzielt.

c) Größeren Einfluß dagegen hat der Schlankheitsgrad der Pfähle. Vergleicht man die Versuchsergebnisse zweier Pfähle mit verschiedenem Schlankheitsgrad, so erkennt man, daß mit zunehmender Schlankheit die Grenztragfähigkeit um ein für alle Lagerungsdichten fast gleichgroßes Maß sinkt.

d) Ein Vergleich der Versuchsergebnisse mit der Dörrschen Pfahlformel führt zur Abänderung der Formel. Es entsteht auf der Grundlage der Dörrschen Berechnungsweise eine Pfahlformel, in der durch Einführung verschiedener ergänzender Faktoren die bei den Modellversuchen gewonnenen Erkenntnisse berücksichtigt werden.

e) Durch Anwendung von Modellgesetzen können auch die Tragfähigkeiten von Großpfählen aus den Modellversuchen bestimmt werden.

Die vorstehende Abhandlung ist das Ergebnis von 70 bis 80 Pfahlversuchen in Sand. Wie schon zu Anfang erwähnt, wird es erforderlich sein, diese Versuche durch Versuche in anderen Bodenarten und vor allem durch die bereits geplanten Großversuche zu ergänzen.

Literaturverzeichnis.

1. Agatz: Der Rammstahlpfahl für Pfahlrostwerke. Bautechn. 34, Heft 5 u. 6.
2. Brennecke-Lohmeyer: Der Grundbau. Berlin: Ernst & Sohn 1927.
3. Boehm: Über Pfahlgründungen. Stuttgart 1934 (Dissertation).
4. Dörr: Die Tragfähigkeit der Pfähle. Bautechn. 32, Heft 35.
5. — Die Tragfähigkeit der Pfähle. Berlin: Ernst & Sohn 1922.
6. Hartmann: Neue Berechnungsweise der Tragfähigkeit eingerammter Pfähle. Beton u. Eisen 32, Heft 16.
7. Komarowski: Zur Frage der Tragfähigkeit von Rammpfählen. Z. d. Bauv. 30, Nr. 35.
8. Krapf: Formeln und Versuche über die Tragfähigkeit eingerammter Pfähle. Leipzig: Wilh. Engelmann 1906.
9. Krey: Erddruck, Erdwiderstand. Berlin: Wilh. Ernst & Sohn 1926.
10. Loos: Praktische Anwendung von Baugrunduntersuchungen. Berlin: Julius Springer 1935.
11. Müller, Th.: Über Pfähle im Freileitungsbau. Bautechn. 1932. 4. Vierteljahresheft.
12. Paulsen: Ramm- und Belastungsversuche mit verschiedenen Pfahlarten aus Eisen und Eisenbeton und mit eisernen Spundbohlen. Bautechn. 34, Heft 33 u. 34.
13. Press: Belastungsversuche an Rammpfählen verschiedener Größe und Form. Bautechn. 34, Heft 23.
14. Rausch: Zur Frage der Tragfähigkeit von Rammpfählen. Bauing. 30, Heft 30.
15. Weber, M.: Das allgemeine Ähnlichkeitsprinzip der Physik und sein Zusammenhang mit der Dimensionslehre und der Modellwissenschaft. Jb. schiffbautechn. Ges. 1930.
16. Zimmermann: Rammwirkungen im Erdreich. Berlin: Ernst & Sohn 1915.

Über die Scherfestigkeit bindiger Bodenarten.

Von Dipl.-Ing. **Hamdi Peynircioğlu**, Istanbul.

I. Einleitung.

1. Um die für idealisierte Baustoffe unter zweckmäßigen Annahmen abgeleiteten technischen Formeln auf die praktischen Fälle anwenden zu können, wird meistens von Beiwerten Gebrauch gemacht.

Wenn nun diese von der Beschaffenheit des Materials abhängigen und wieder unter verschiedenen Annahmen ermittelten Beiwerte von den tatsächlichen abweichen, dann sind die durch diese Formeln ermittelte Werte nur als näherungsweise richtig anzusehen. Die Unterschiede zwischen berechneten und tatsächlichen Werten technischer Größen werden desto größer, je mehr der betreffende Beiwert von dem wirklichen abweicht.

In bodenmechanischen Problemen ist diese Abweichung noch auffallend groß. Es ist selbstverständlich, wenn man bedenkt, daß z. B. bei Bestimmung des Durchlässigkeitskoeffizienten eine 50proz. Genauigkeit als zufriedenstellend anzusehen ist [10] [1].

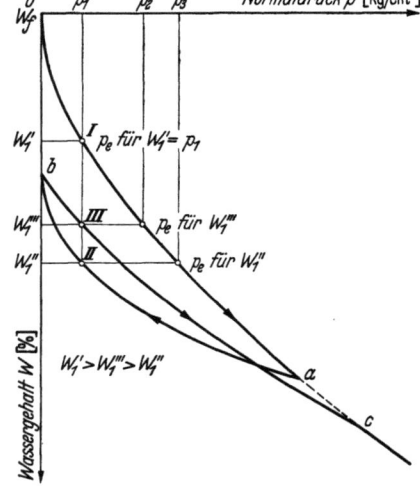

Abb. 1.

Genau so liegt der Fall bei der Bestimmung des Reibungsbeiwertes oder, was dasselbe ist, des Winkels der inneren Reibung.

Auch in diesem Falle sind die unter verschiedenen Bruchbedingungen ermittelten Werte des Winkels der inneren Reibung für denselben Boden verschieden. Und zwar unterscheiden sie sich untereinander um etwa 68% [3].

2. Im allgemeinen haben die Scherversuche gezeigt, daß die Beziehung zwischen Normaldrücken und Scherwiderständen als linear anzunehmen ist und sich mit $S = \mu p + K$ oder $S = p \cdot \operatorname{tg} \Phi + K$ formulieren läßt (Coulombsche Bruchbedingung).

Hier sind: S = Scherwiderstand, p = der wirksame Normaldruck. μ und Φ werden als Koeffizient bzw. als Winkel der inneren Reibung bezeichnet. K ist derjenige Scherwiderstand, der $p = 0$ entspricht und als Kohäsion bezeichnet wird.

Für „natürlich verdichtete" bindige Böden im Zustand der Fließgrenze erstmalig belastet ist $K = 0$, oder sehr klein bei $p = 0$. Für „einfach überverdichtete" bindige Böden dagegen im Zustand der ersten Entlastung (Abb. 1) ist $K \neq 0$ und hängt von dem Umkehrpunkt des Verdichtungsvorganges ab (Krey-Tiedemannsche Bruchbedingung). Siehe [3, 7, 8, 15, 16].

Nach Hvorslev ist K von dem nach dem Abscheren vorhandenen Verdichtungszustand abhängig (Bruchbedingung nach Hvorslev). Bei allen obengenannten Bruchbedingungen wurde der Winkel der inneren Reibung als unabhängig von dem Verdichtungszustand angenommen.

3. Da die bindigen Böden unter verschiedenen Normaldrücken verschiedene Wassergehalte und infolgedessen verschiedene Raumgewichte und Festigkeitseigenschaften haben, sollten sie unter verschiedenen Spannungszuständen in ihren Festigkeitseigenschaften als verschiedene Materialien aufgefaßt werden.

Nach obigen Behauptungen vermutet man, daß auch der Winkel der inneren Reibung eine Funktion des Verdichtungszustandes sei. Aus diesem Grunde werden die bindigen Böden in der vorliegenden Arbeit auf einem neuen Wege untersucht.

Der Winkel der inneren Reibung wird direkt an Fließfiguren gemessen, der Scherwiderstand mit Hilfe der aus der Fließbedingung abgeleiteten Formeln berechnet, und die Ergebnisse werden mit denen der bisherigen Methoden verglichen.

---

[1] Die eckig eingeklammerten schrägen Ziffern beziehen sich auf das am Schluß dieses Beitrages befindliche Literaturverzeichnis.

II. Die Versuchsmaterialien und ihre Aufbereitungen.

1. Die Versuche wurden hauptsächlich mit einem 65% Schluff enthaltenden Boden durchgeführt. Für die Ausquetschversuche (s. Abschn. VI) wurden außerdem noch zwei andere Bodenarten verwendet. Die erste davon besteht aus einer Mischung von obengenanntem Schluff und 10% Ca-Bentonit und die zweite aus Kaolinmineralien [1].

Die Kornverteilung, die mittleren spezifischen Gewichte und der Wassergehalt bei den Atterbergschen Grenzen der drei Bodenarten sind in Tab. 1 angegeben:

Tabelle 1.

Bodenart	Kornverteilung				γ gr/cm³	W_f %	W_a %	P
	$d = 0,5-0,1$ mm	$d = 0,1-0.02$ mm	$d = 0,02-0,002$ mm	$d < 0,002$ mm				
Schluff	5	20	65	10	2,72	27	17	10
Schluff + 10% Ca Bent. .	4,5	18,25	59	18,25	—	40	18	22
Kaolin	—	—	—	—	—	67	37	30

Hier sind: γ = mittleres spezifisches Gewicht, W_f = Wassergehalt bei der Fließgrenze, W_a = Wassergehalt bei der Ausrollgrenze, P = Plastizitätsindex.

2. Das Material wurde mit einem Wassergehalt, der etwas höher als der bei der Fließgrenze war, durchgeknetet und in großen Glasbehältern im Feuchtraum aufbewahrt.

Vor der Füllung der Scherapparate wurde das erforderliche Material wieder gründlich durchgeknetet.

Für die Versuche in natürlich verdichtetem Zustand wurde die Probe unter Drücken von 0,5 bis 4 kg/cm² verdichtet und unter denselben Normaldrücken abgeschert.

Für die Versuche in einfach überverdichtetem Zustand wurden die Proben zuerst bis 4 kg/cm² belastet und dann bis p kg/cm² entlastet und unter demselben Druck abgeschert.

Für die Versuche in zyklisch überverdichtetem Zustand wurden die Proben erst bis 4 kg/cm² belastet und dann wieder auf 0 kg/cm² entlastet und endlich auf p kg/cm² belastet und unter demselben Druck abgeschert.

Be- und Entlastungen wurden stufenweise aufgebracht und dauerten je nach dem erzielten Normaldruck 2 bis 4 Tage.

Den Proben wurde bei allen Verdichtungsgängen unter jedem erzielten Normaldruck (4, p oder 0 kg/cm²) eine Zeit von 8 bis 10 Tagen zur Verdichtung gelassen.

Für die Bezeichnung der Verdichtungsvorgänge wurden die folgenden Bezeichnungen angenommen: ($p-p-p$) für natürlich verdichtete, ($4-p-p$) für einfach, ($4-0-p$) für zyklisch überverdichtete Zustände [3].

3. Für die Ausquetschversuche wurden die Scherbüchsen mit dem Versuchsmaterial in derselben Weise wie für das Abscheren gefüllt. Es wurde unter Normaldrücken von 0,5 bis 8 kg/cm² 8 bis 10 Tage Zeit zur Verdichtung gelassen.

Nach der Verdichtung wurden die Proben rasch entlastet, aus den Scherbüchsen herausgenommen und unter einer Glasglocke mit Luft hohen Feuchtigkeitsgehaltes 1 bis 2 Stunden zum elastischen Schwellen gelassen.

Aus diesen Proben, deren Abmessungen $100 \times 100 \times (30-40)$ mm waren, wurden die Versuchsprismen herausgeschnitten.

III. Beobachtungen beim Abscheren mit der Casagrandeschen Scherbüchse.

1. Der Scherwiderstand und der Winkel der inneren Reibung des im Abschnitt II beschriebenen Schluffes sollen zuerst mittels Casagrandeschen Scherbüchsen bestimmt werden.

Um festzustellen, ob man für dieselbe Bodenprobe und unter gleichen Versuchsbedingungen immer gleiche Werte erhalten kann und wie weit die Probenhöhe, Scherlaststufe und Zeitstufe für die Scherlastaufbringung die Versuchsergebnisse beeinflussen, wurde eine Reihe von Versuchen mit Casagrandeschen Scherbüchsen durchgeführt. Die Ergebnisse sind in Abb. 2 bis 5 wiedergegeben.

Es scheint, daß für diesen Boden die Zeitstufen von $1/2$ bis 5 Minuten für die Aufbringung der Scherlast keinen wichtigen Einfluß auf die Versuchsergebnisse haben (Abb. 9). Bei diesen Versuchen, bei denen der Normaldruck $p = 1$ kg/cm² und die Scherlaststufe $p/80 = 0,0125$ kg/cm² waren, wurden für die Versuchsdauer von 29 und 315 Minuten Scherwiderstände von der Größe 0,74 und bzw. 0,79 kg/cm² ermittelt.

Der geringe Unterschied dürfte auf die verhältnismäßig höhere Durchlässigkeit dieser Bodenart zurückzuführen sein. Im allgemeinen nimmt, wie Casagrande und S. G. Albert festgestellt haben, der Scherwiderstand mit der Scherzeit zu [5].

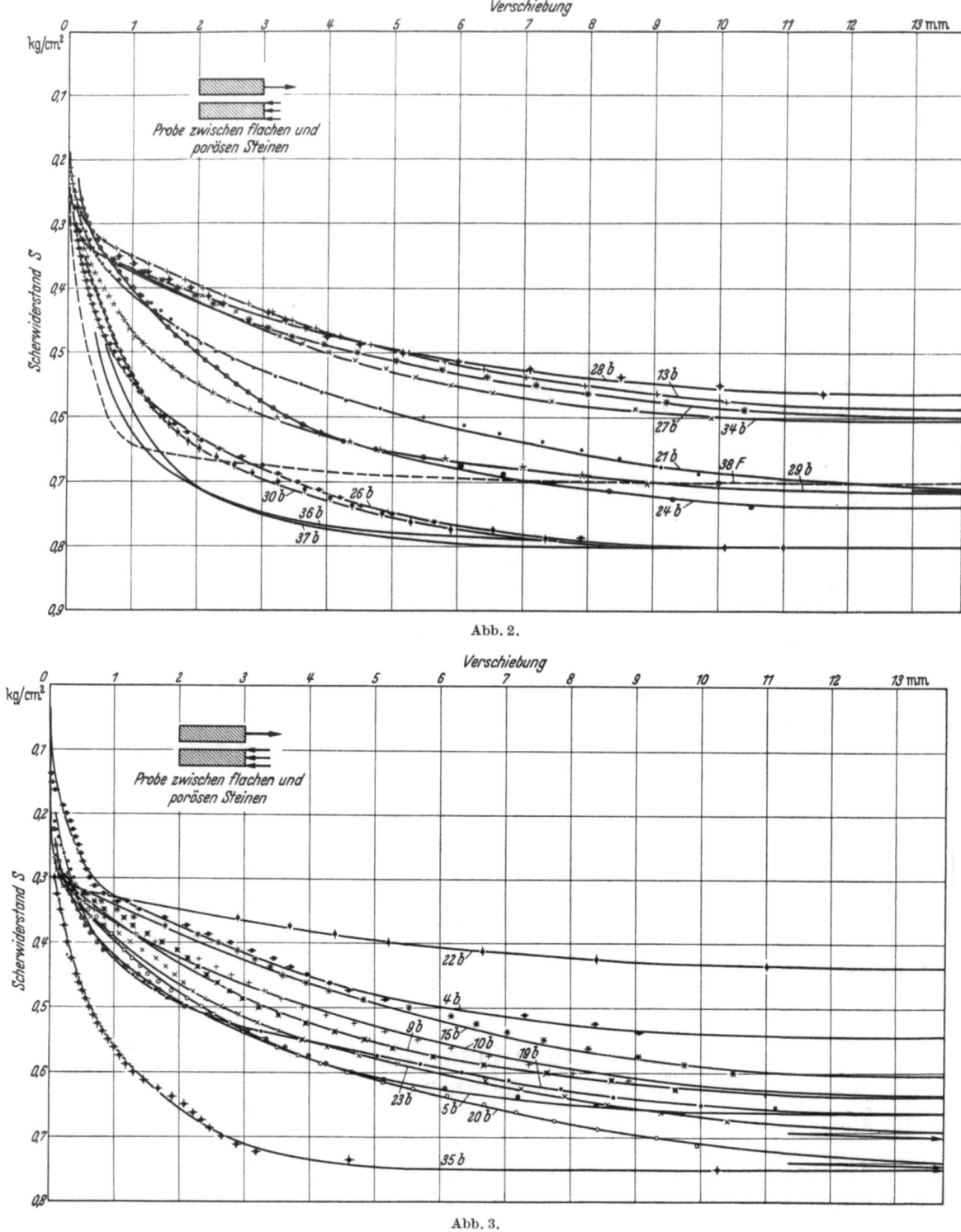

Abb. 2.

Abb. 3.

Bei den Versuchen mit Boston Blue Clay (Fließgrenze = 41%, Ausrollgrenze = 18,5%, spezifisches Gewicht = 2,79 g/cm³), die von Jürgenson durchgeführt wurden [5], wurden die folgenden Ergebnisse gefunden:

Versuchsdauer:	4 Min.	90 Min.	4 Tage
Scherwiderstand:	0,315	0,50	0,57 kg/cm².

Der Unterschied zwischen den Scherwiderständen, die der Versuchsdauer von 90 min und 4 Tagen entsprechen, ist kleiner als derjenige, der zwischen der 4- und 90minutigen Versuchsdauer liegt.

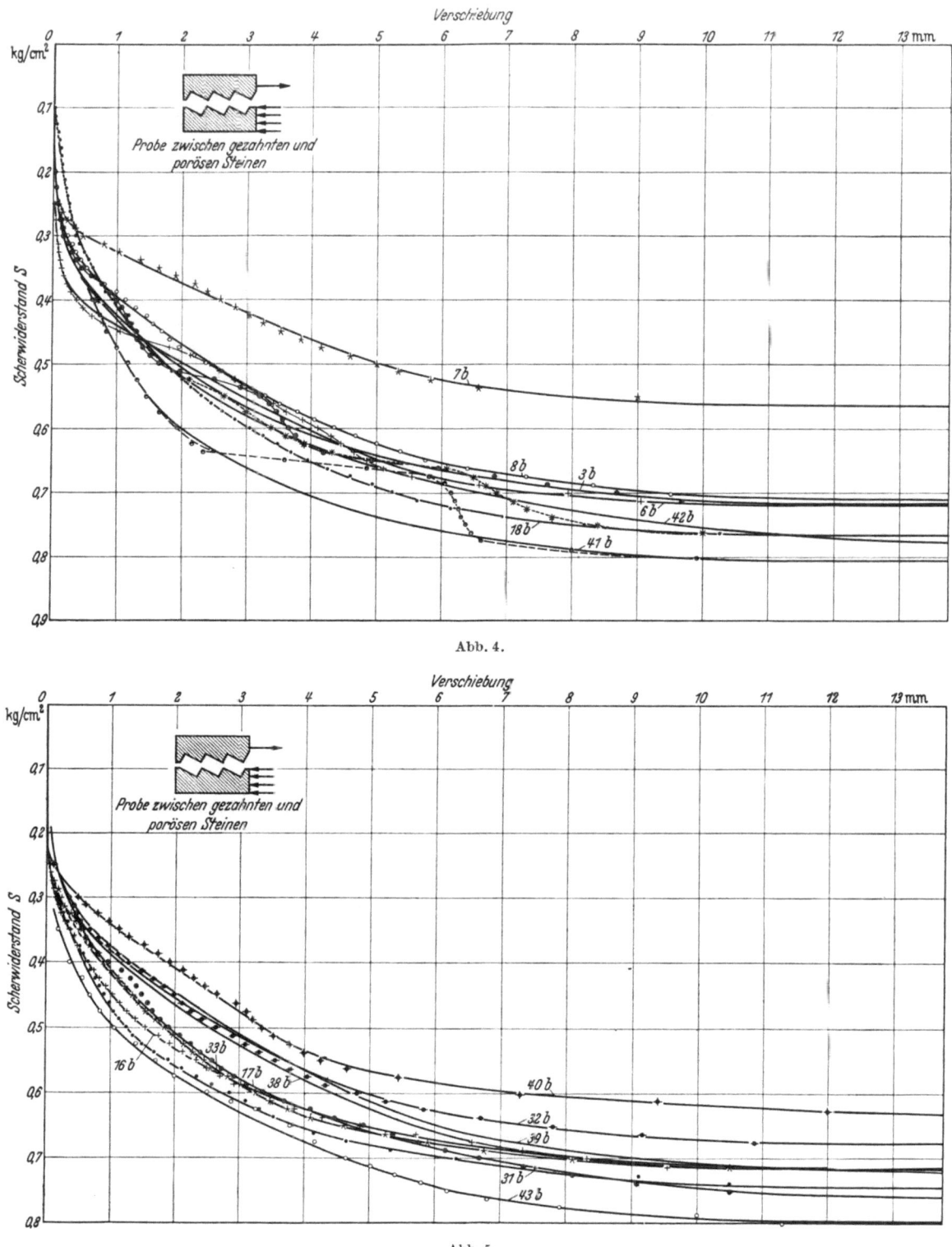

Abb. 4.

Abb. 5.

Auf Grund der obengenannten Versuchsergebnisse kann das Zunehmen des Scherwiderstandes mit der Versuchsdauer nach einer gewissen Versuchsdauer als praktisch unbedeutend angesehen werden.

2. Die Versuche sowohl mit flachen als auch mit gezahnten Filtersteinen haben gezeigt, daß mit der Probenhöhe die Verschiebung zu- und der Scherwiderstand abnimmt.

Bei diesen Versuchen konnte das durch zusätzliche Spannungen überflüssig gewordene Porenwasser durch die oberen und unteren Filtersteine nach außen abfließen.

Da der Abstand der Scherebene vom unteren Filterstein unverändert bleibt, nimmt die nur durch den oberen Filterstein stattfindende Entwässerung mit zunehmender Probenhöhe ab. So wird der Ausgleich des im Porenwasser durch die stetig steigende Scherlast hervorgerufenen Überdruckes bei konstant bleibender Zeitstufe umso geringer, je mehr die Probenhöhe zunimmt.

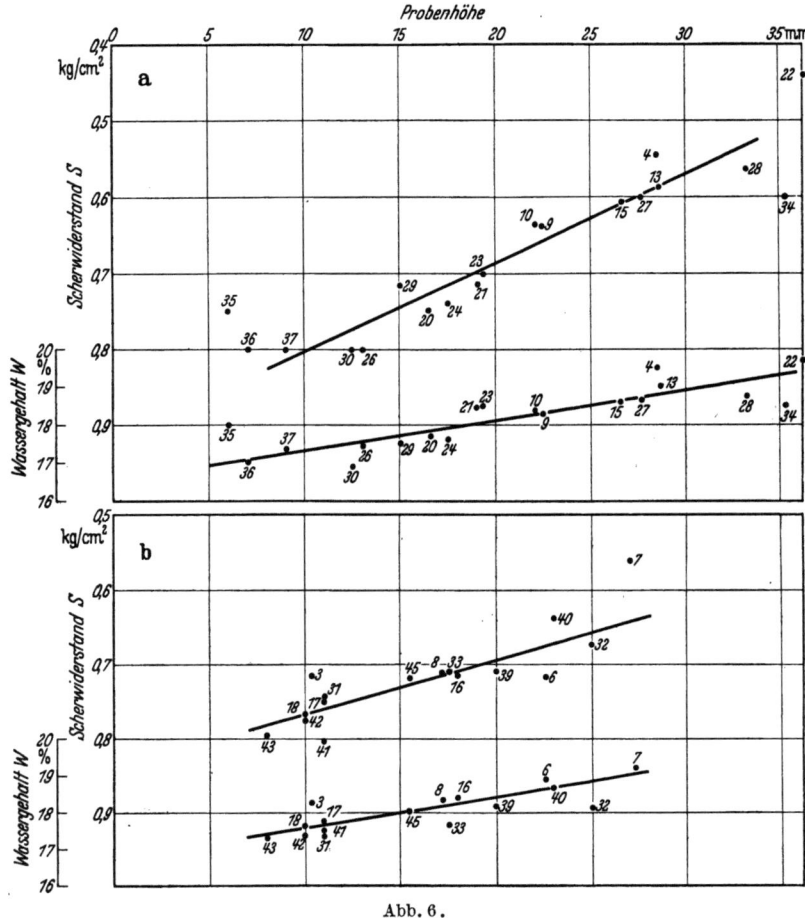

Abb. 6.

Dieser Überdruck im Porenwasser kann den Scherwiderstand vermindern. In Abb. 6 wiedergegebene Versuchsergebnisse zeigen, daß mit zunehmender Probenhöhe der Wassergehalt zunimmt und der Scherwiderstand abnimmt. Um diese mittleren Wassergehalte der Scherebene zu bestimmen, wurde die Probe sofort nach dem Versuche aus dem Scherapparat herausgenommen und mit einer Drahtsäge so schnell wie möglich eine etwa 3 mm starke Schicht der Scherebene herausgeschnitten.

Die Veränderung des Scherwiderstandes ist bei den Versuchen mit flachen Filtersteinen noch größer.

3. Ferner ist die Verminderung des Scherwiderstandes auf die ungleichmäßige Verteilung der Schubspannungen in der Scherebene zurückzuführen. Bei der Verschiebung um Δl des oberen Rahmens gegen den unteren kann ein Punkt K in der Mitte der Scherebene zunächst unverschoben bleiben, während die Punkte A und B sich gegen E und F um Δl verschieben müssen (Abb. 7). Die bei der Verschiebung Δl hervorgerufenen Schubspannungen sind daher in der Scherebene ungleichmäßig verteilt und zwar haben sie in der Mitte den Wert Null, in der Nähe von A und B ihr Maximum.

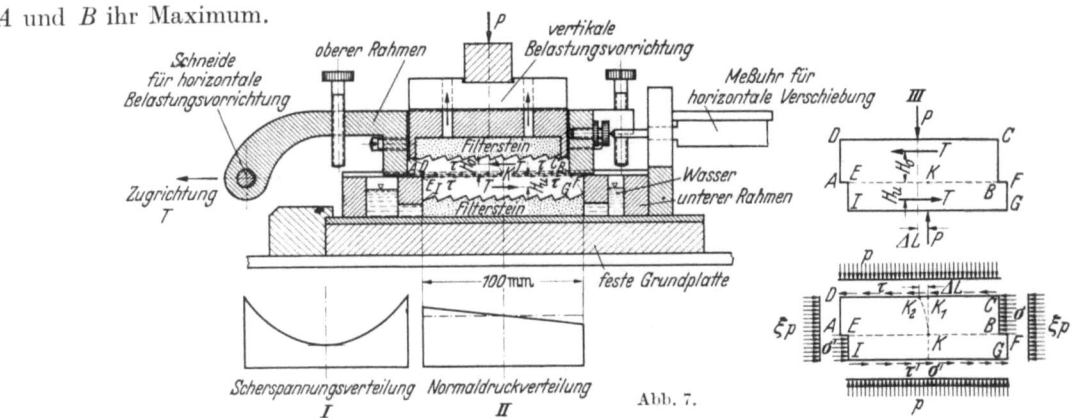

Abb. 7.

Bei fortschreitender Verschiebung wird die Schubspannungsverteilung immer eine ähnliche Form haben. Infolgedessen wird der Bruch in der Umgebung von B und E eher eintreten als der in der Mitte (Abb. 7, I).

Die Verschiebungsspuren in den vertikalen Durchschnitten in Richtung der Scherlast in Abb. 7a, I bis VI, die dem Buch von Hvorslev [3] entnommen sind, zeigen die obigen Behauptungen deutlich.

Wenn die Verschiebung mit zunehmender Probenhöhe zunimmt (Abb. 2—5), entsteht die ungleichmäßige Spannungsverteilung in der Scherebene noch schneller, und infolgedessen tritt der Bruch noch eher ein.

4. Ferner nimmt die Scherspannung mit zunehmender Verschiebung zu, während die Normalspannung, wenn man von den durch den Metallteil AE der Scherebene hervorgerufenen Störungen absieht, als konstant angesehen werden kann. Auch dieser Umstand kann eine Ursache der Verminderung des Scherwiderstandes mit zunehmender Probenhöhe sein.

5. Nach jeder Aufbringung der Scherlast nimmt die Verschiebungsgeschwindigkeit zu, und in dem Zeitintervall für Aufbringung der nächsten Scherlast nimmt sie wieder langsam ab.

Vor dem Erreichen etwa der Hälfte der Bruchlast, und am Ende jedes Zeitintervalles — abgesehen von dem sehr langsamen plastischen Fließen — kann man die äußeren Kräfte, die auf die Probe wirken, als ein sich im Gleichgewicht befindliches System ansehen.

Die Zugkraft T wird auf die Probe durch den oberen Filterstein und die oberen Rahmenwandung BC geleistet (Abb. 7).

Dann wirkt sie in einem Abstand $H_o > BC/2$ von der Ebene AB. Diese Kraft wird durch die Probe auf den unteren und festen Rahmen übertragen.

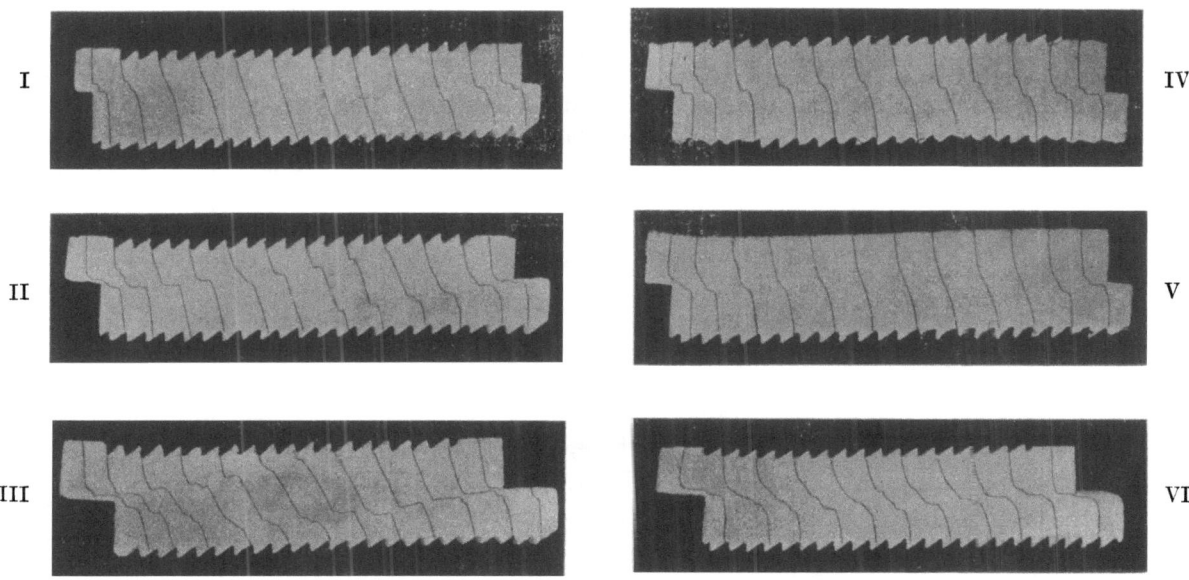

Abb. 7a. I—VI.

Die von der unteren Rahmenwandung EJ und dem unteren Filterstein als Reaktion auf die Probe ausgeübte Kraft T kann, wie oben, als eine in einem Abstand $H_u > EJ/2$ von der Ebene AB wirkende Kraft angesehen werden.

Dieses Kräftepaar bildet ein Moment $T(H_o + H_u)$.

Die Probe muß auch diesem Moment widerstehen.

Wegen der Verschiebung und auf Grund der Ziffer 4 bildet auch die Normallast ein Moment $\Delta l \cdot P$, das mit dem Moment $T(H_o + H_u)$ zusammenwirkt (Abb. 7, III).

Infolgedessen wird eine Hälfte der Scherebene entlastet, während die andere belastet wird (Abb. 7, II).

Als eine Folge davon kann der Bruch in der Umgebung von B eher als in der von E eintreten und den Totalbruch beschleunigen. Da dieses Moment $M = T(H_o + H_u) + \Delta l \cdot P$ mit H zunimmt, werden die Verschiebungen mit zunehmender Probenhöhe immer schneller eintreten und damit auch der Bruch.

6. Bei den Versuchen, die mit flachen Filtersteinen durchgeführt wurden, ist die Veränderung des Scherwiderstandes mit der Probenhöhe noch auffallender.

Dies kann man folgendermaßen erklären:

Die glatten Filtersteine können wegen der geringeren Reibung zwischen Filterstein und Boden die Scherkräfte auf die ganze Scherfläche nicht so gut verteilen wie die gezahnten Filtersteine. Daher ist der Kraftanteil, der durch den Filterstein übertragen wird, bei den glatten kleiner als bei den gezahnten.

Dann ist die Schubspannungskonzentration in der Umgebung von B noch größer.

Mit zunehmender Probenhöhe äußert sich dieser Fall noch auffallender.

34   Über die Scherfestigkeit bindiger Bodenarten.

7. Wegen der obigen Behauptungen sind die Werte des ermittelten Scherwiderstandes kleiner als die des tatsächlichen.

Da der dem vorhandenen Normaldruck entsprechende Wassergehalt beim Abscheren abnimmt, entspricht der ermittelte Scherwiderstand nicht der Normallast.

Dieser Fall wird später noch ausführlicher behandelt.

8. Ähnliche Versuche mit anderen Bodenarten wurden von Hvorslev durchgeführt [3]. Nach ihm scheint die Probenhöhe innerhalb gewisser Grenzen keinen Einfluß auf die ermittelten Werte des Scherwiderstandes zu haben, vorausgesetzt, daß ein vollkommener Ausgleich der hydrodynamischen Spannungen des Porenwassers stattfindet. Die waagerechten Verschiebungen aber nehmen mit zunehmender Probenhöhe zu.

IV. Ermittlung des Scherwiderstandes und des Winkels der inneren Reibung nach verschiedenen Bruchbedingungen.

1. Die Coulombsche Bruchbedingung.

Nach dieser ältesten Bruchbedingung ist der Scherwiderstand bindiger Böden:

(1) $$S = p \cdot \operatorname{tg} \Phi + K.$$

Die Bedeutung der Buchstaben ist schon in der Einleitung angegeben. Der Scherwiderstand in natürlich verdichtetem Zustand wurde mittels Scherbüchsen nach Casagrande bestimmt. Bei allen Versuchen wurde als Scherlaststufe 0,0125 kg/cm², und als Zeitstufe für Scherlastaufbringung 30 Sekunden angenommen (Abb. 8). Außerdem wurden zum Vergleich die in Abb. 9 aufgetragenen Versuche durchgeführt.

Bei diesen Versuchen waren die Scherlaststufen 1/80 des Normaldruckes und die Zeitstufen für Aufbringung der Scherlast 30 Sekunden.

Die Versuche mit der Zeitstufe von 5 Minuten wurden nur mit Normaldrücken von 1 kg/cm² durchgeführt. In der Abb. 9 wurde von jedem Versuche nur ein Ergebnis aufgetragen.

Der obigen Bruchbedingung entspricht auf dem Normaldruck-Scherwiderstand-Diagramm die (0—1—2—3—4—5) Kurve (Abb. 10).

Die Gerade 0—5a, die als Tangente der (0—1—2—3—4—5) Kurve gezogen ist,

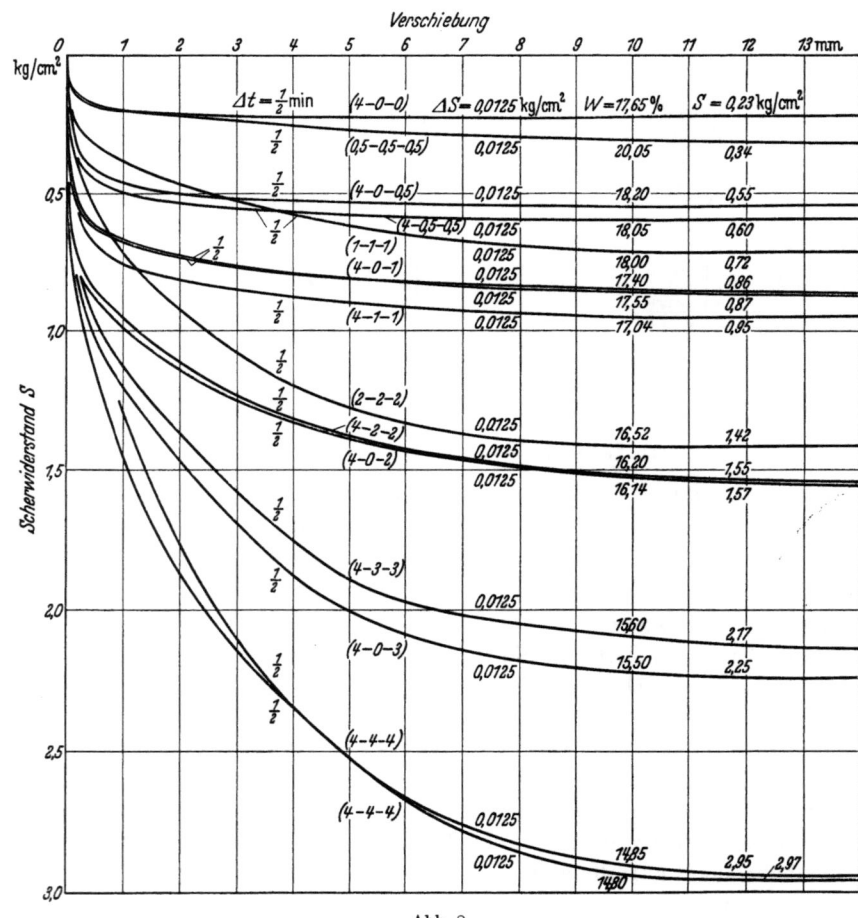

Abb. 8.

entspricht denjenigen Versuchen, die mit einer Scherlaststufe von $p/80$ kg/cm² durchgeführt wurden.

Nach dieser Bruchbedingung ist der Winkel der inneren Reibung Φ_s, der scheinbar Winkel der inneren Reibung genannt wird, gleich 35° ($\mu_s = 0,7$).

In diesem Falle ist die Kohäsion gleich Null.

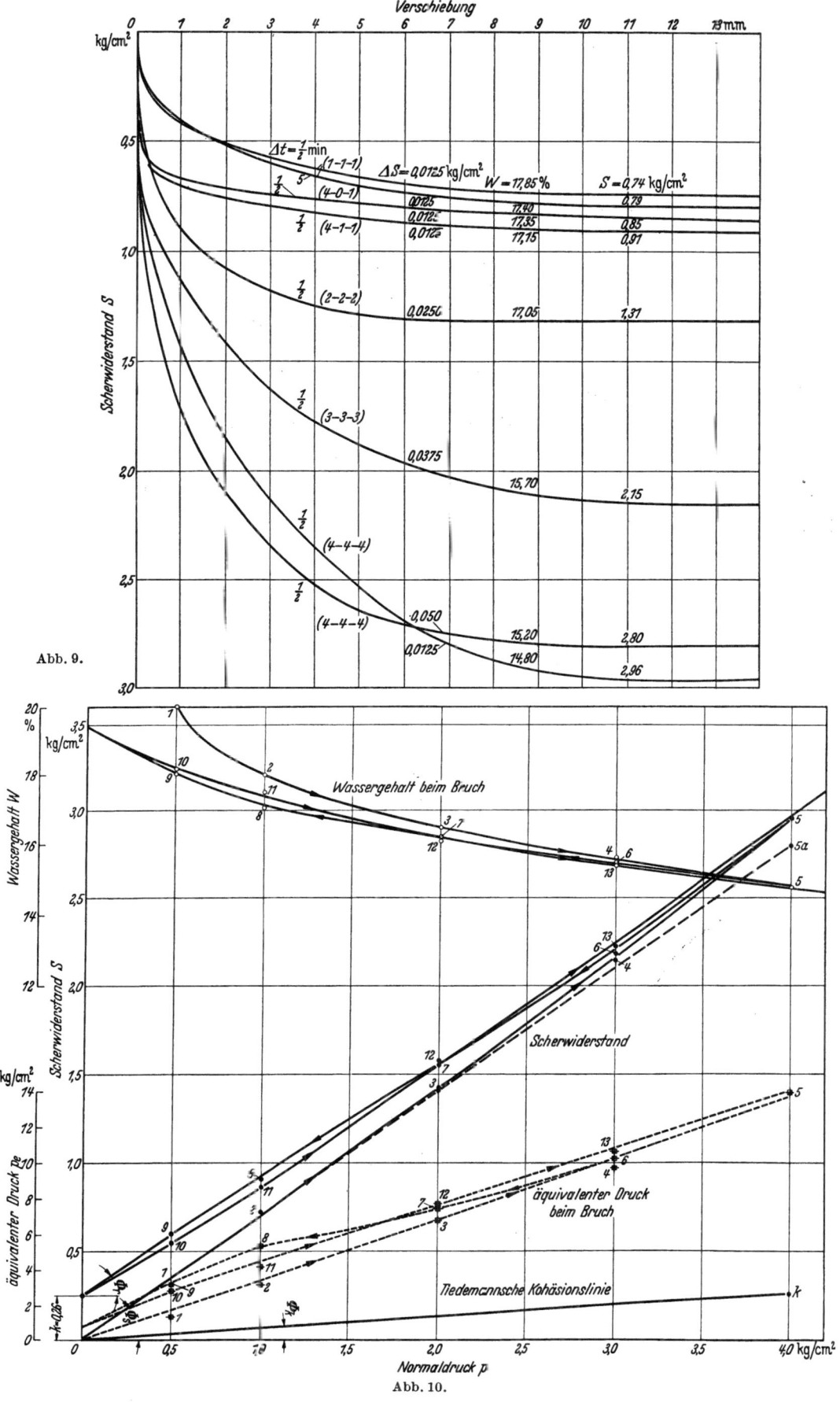

Abb. 9.

Abb. 10.

2. Die Krey-Tiedemannsche Bruchbedingung.

Diese Bruchbedingung lautet:

(2) $$S = p \cdot \mu_r + p_m \cdot \mu_k = p \cdot \operatorname{tg} \Phi_r + p_m \cdot \operatorname{tg} \Phi_k.$$

Hier werden $\operatorname{tg} \Phi_r = \mu_r$ und $\operatorname{tg} \Phi_k = \mu_k$ Reibungs- bzw. Kohäsionsbeiwerte genannt. p_m ist maximaler Verdichtungsdruck, unter dem der Boden vorher verdichtet wurde [3, 15, 16].

Diese Verdichtungszustände wurden in (Abb. 8) mit der Bezeichnung (4—p—p) angedeutet.

Auf dem Normaldruck-Scherwiderstand-Diagramm entsprechen dieser Bruchbedingung die 5—6—7—8—9) und die (0—K) Kurven.

Nach dieser Bruchbedingung sind:

$$\Phi_r = 34°, \qquad \mu_r = 0{,}674,$$
$$\Phi_k = 3° 30, \qquad \mu_k = 0{,}065,$$
$$K = 0{,}26 \text{ kg/cm}^2 \quad (\text{für } p_m \text{ kg/cm}^2).$$

3. Die Bruchbedingung nach Hvorslev.

Diese Bruchbedingung lautet:

(3) $$S = \mu_0 \cdot p + \varkappa \cdot p_e = p \cdot \operatorname{tg} \Phi_0 + \nu \cdot e^{-B\varepsilon}.$$

Hier werden $\operatorname{tg} \Phi_0 = \mu_0$ der wirksame Beiwert der inneren Reibung und $\varkappa$ der Kohäsionsbeiwert genannt [3].

p_e ist der äquivalente Verdichtungsdruck, d. h. jener Druck auf der primären Verdichtungskurve AB (Abb. 16), der dem nach dem Abscheren vorhandenen Wassergehalt (oder der vorhandenen Porenziffer) des Bodens entspricht [3] (s. auch Abb. 1).

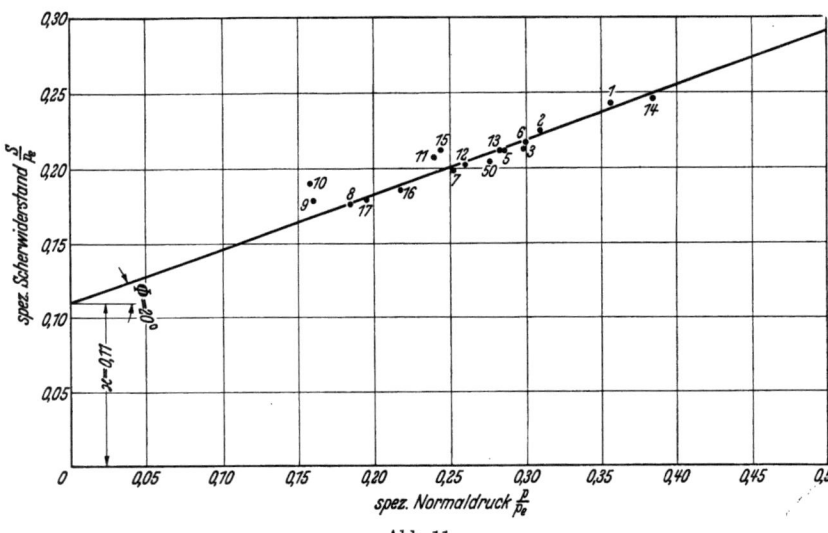

Abb. 11.

Nach Terzaghi [17] gehorchen die primären Verdichtungskurven annähernd der Gleichung:

(4) $$\varepsilon = -\frac{1}{B} \ln \frac{p + p_0}{p_1} + \varepsilon_1.$$

Hier sind: p_0 = Anfangsdruck (in diesem Falle Null), p_1 = Druckeinheit (hier 1 kg/cm²), ε_1 = Porenziffer für den Gesamtdruck $p_0 + p = p_1$, B = Verdichtungsbeiwert (dimensionslos).

Nach obiger Gleichung von ε ist der äquivalente Druck:

(5) $$p_e = p \cdot e^{B(\varepsilon_1 - \varepsilon)}.$$

In der Gl. (3) ist ν eine Konstante und gleich $(\varkappa \cdot p_1 \cdot e^{B\varepsilon_1})$.

Die Art der Ermittlung der Beiwerte $\varkappa$, $\operatorname{tg} \Phi_0$ und ν geht aus Abb. 10 u. 11 hervor. Die Werte S/p_e und p/p_e werden spezifischer Scherwiderstand und spezifischer Normaldruck genannt [3]. Für die Berechnung von B macht man von der Gl. (4) und von dem Druck-Wassergehalt-Diagramm AB in der Abb. 16 Gebrauch. Nach dieser Bruchbedingung sind:

$$B = 16{,}42,$$
$$\varepsilon_1 = 0{,}563 \quad \left(\varepsilon = W \cdot \frac{\gamma_f}{\gamma_w}\right),$$
$$\varkappa = 0{,}11,$$
$$\nu = 1125,$$
$$\Phi_0 = 20°, \quad \mu_0 = 0{,}364.$$

4. Die Hysteresisschleife.

Wenn man mit natürlich verdichteten und einfach und zyklisch überverdichteten Böden eine Reihe Scherversuche durchführt und die Ergebnisse in der wie in Abb. 10 gezeichneten Weise aufträgt, dann erhält man eine Hysteresisschleife [18, 3]. Infolgedessen hat man für einen Normaldruck, der kleiner ist als der maximale Verdichtungsdruck, verschiedene Scherwiderstände, je nachdem man den Boden natürlich verdichtet oder einfach oder zyklisch überverdichtet hat.

Auch die Kurven der zu diesen Scherwiderständen gehörigen Wassergehalte und äquivalente Drücke schließen Hystereseschleifen ein. Als eine Folgerung davon vermutet man, daß der Scherwiderstand von der Porenziffer und nicht von dem Normaldruck abhängt. In den nächsten Abschnitten wird diese Behauptung weiter besprochen.

V. Jürgensons Quetschversuch.

1. Dieser Versuch beruht auf Henycks Prinzip des Gleichgewichts in plastischen Körpern [4, 5, 12].

Jürgensons Zylinderversuche mit allseitigem Druck haben gezeigt, daß der Scherwiderstand bindiger Böden von dem Normaldruck unabhängig ist, vorausgesetzt, daß während des Versuches keine weitere Konsolidierung zustande kommt.

Für diesen Fall ist dann die Plastizitätsbedingung:

$$(1\,a) \qquad S = \sqrt{\tau^2 + \left(\frac{\sigma_x - \sigma_z}{2}\right)^2}.$$

Hier sind: S = Scherwiderstand des Bodens, τ = Scherspannung, σ_x und σ_z = Normalspannungen.

Für den Fall des ebenen Fließens eines solchen Materials haben Hencky und Prandtl das Problem gelöst [4, 5].

Auf Grund der Lösung für parallele Grenzlinien hat Jürgenson eine dünne quaderförmige Tonprobe so gedrückt, daß sie nur in zwei gegenüberliegenden offenen Seiten ausweichen konnte. Die anderen gegenüberliegenden Seiten waren geschlossen (Abb. 12a).

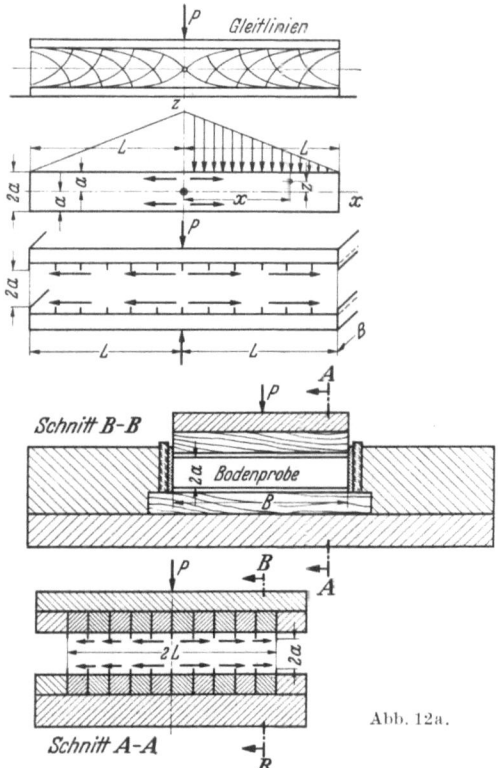

Die Formeln für die Spannungskomponenten sind:

$$(1\,b) \quad \begin{cases} \sigma_x = \dfrac{S}{a}(L-x) \pm 2S\sqrt{1-\left(\dfrac{z}{a}\right)^2} + \text{konst.} \\ \sigma_z = \dfrac{S}{a}(L-x) + \text{konst.} \\ \tau = -S\dfrac{z}{a}. \end{cases}$$

[12, 13, 14, 5].

Da bei diesen Versuchen ein sog. passiver Druck hervorgerufen wird [12, 14], ist in der Gleichung von σ_x das positive Vorzeichen vor der Wurzel zu nehmen. Durch Integration der Normalspannungen über die Druckfläche erhält man die Normalkraft P in Abhängigkeit von den Abmessungen der Probe und einer Materialkonstante S. Die maximale Schubspannung kommt unter den reibenden Druckplatten für $z = 0$ vor und ist gleich der Materialkonstante S. Dann läßt sich der Scherwiderstand S mit der Formel

$$(1\,c) \qquad S = P \cdot a / B \cdot L^2$$

berechnen.

Abb. 12a.

Hier sind: P = Normalkraft, $2a$ = Dicke der Probe, B = Breite der Probe (in dieser Richtung kann die Probe nicht fließen), $2L$ = Länge der Probe (in dieser Richtung fließt die Probe nach beiden Seiten).

Bei diesen Versuchen ist die Größe P, die das Nachgeben der Probe verursacht, verhältnismäßig groß. Infolgedessen darf die Reibung zwischen der Probe und den Wandungen des Apparates nicht vernachlässigt werden. Die Probendicke $2a$ ändert sich während des Versuches. Dies wurde von Jürgenson in folgender Form berücksichtigt:

$$(2) \qquad S = \frac{P \cdot a_0 (1-e)}{B \cdot L^2}.$$

Hier sind: $2a_0$ = Dicke der Probe am Anfang des Versuches,
e = Änderung in der Dicke$/2a_0$,
$B = B_1 + 2a_0$.

38 Über die Scherfestigkeit bindiger Bodenarten.

2. Später hat Jürgenson seine Formel verändert [6]. Er hat angenommen, daß, wenn $x = L$ ist,

(3) $$\int_{-a}^{+a} \sigma_x \, dz = 0$$

wird. Nach dieser Annahme, wonach die Spannungen auf der freien, senkrecht zur Fließrichtung stehen-

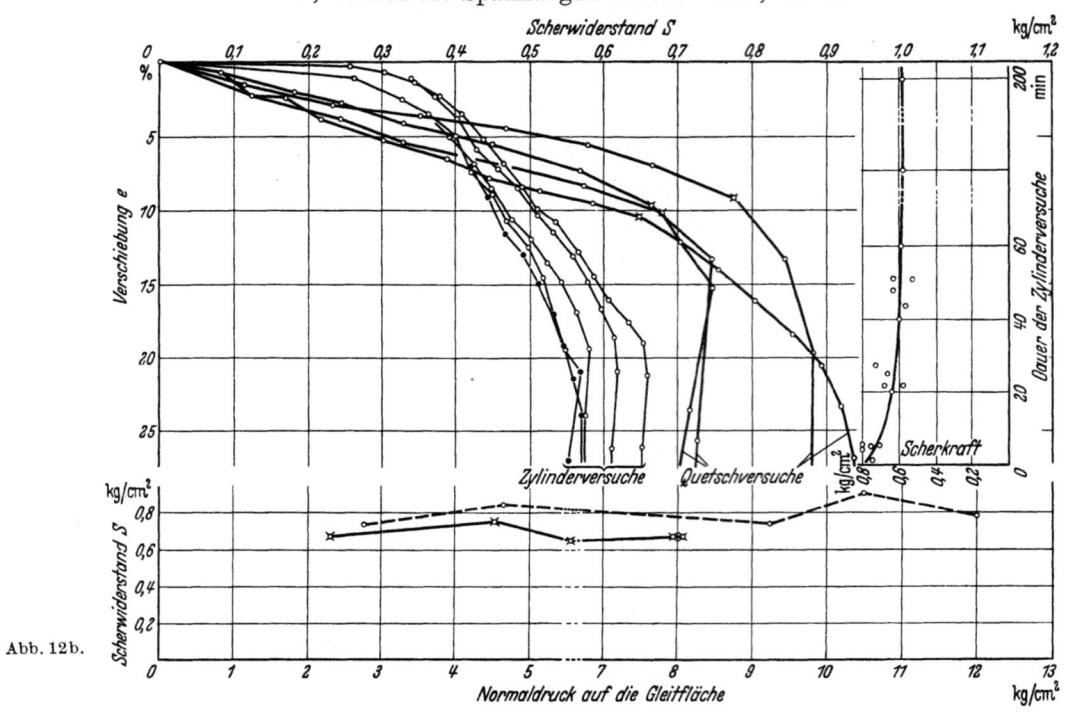

Abb. 12b.

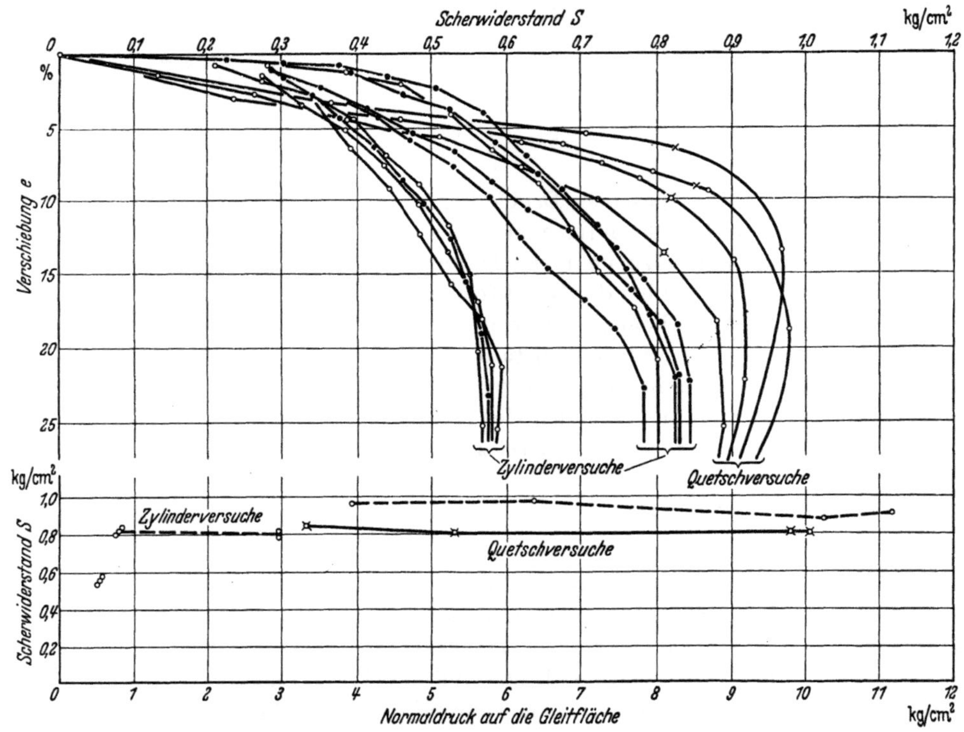

Abb. 12c.

den Oberfläche gleich Null sind, erhält man die folgende Formel:

(4) $$S = \frac{P \cdot a}{B \cdot L^2 \left(1 + \dfrac{\pi a}{L}\right)}.$$

Auch sind hier für B und a in Ziffer 1 gemachte Änderungen zu berücksichtigen.

3. Nach diesen Formeln ist der Scherwiderstand unabhängig von der Normalkraft auf der Bruchfläche. Wenn während dieses Versuchs eine weitere Konsolidierung zu neuen Spannungszuständen vorkommt, dann tritt kein Bruch ein [5].

Deswegen muß dafür gesorgt werden, daß während des Versuches keine Entwässerung stattfindet. Die von Jürgenson ermittelten Werte des Scherwiderstandes sind von den Normaldrücken auf der Bruchfläche unabhängig. Sie sind nur von denjenigen Normaldrücken abhängig, unter denen die Proben vorher verdichtet wurden.

Die dem Artikel von Jürgenson entnommenen Abb. 12b, 12c zeigen dies sehr deutlich [5].

4. Nach Arpad Walram [21] ist der Einfluß der Abmessungen des Apparates auf die ermittelten Werte des Scherwiderstandes nicht zu vernachlässigen. Wenn die Probenbreite B gleich oder größer als das 1,5fache der Probenlänge L ist, dann ist der Einfluß der Abmessungen des Apparates sehr klein.

5. Bei diesen Versuchen liegt die größte Schwierigkeit darin, daß man den Augenblick, in dem die Probe beim Fließen nachgibt, sehr schwer beobachten kann.

VI. Ermittlung des Winkels der inneren Reibung beim Erzeugen der Gleitlinien auf der Probenoberfläche.

1. Stempelversuch.

Im Laboratorium verdichtete oder ungestörte Proben toniger Bodenschichten wurden durch zylindrischen oder prismatischen Stempel örtlich stark auf Druck beansprucht. Ähnliche Versuche wurden schon von Mesmer in Göttingen mit Körpern aus weichem Eisen durchgeführt [12].

D. P. Krynine hat die Sand- und Torschichten seitlich belastet und die Form der Grenze, die sich zwischen der plastisch gewordenen und der elastisch bleibenden Zone bildet, studiert [9].

Abb. 13.

Abb. 14.

Hier wurden aus in etwa zwei Zentimeter dicken Schichten verdichteten Schluffproben viereckige (und halbkreisförmige) Probenstücke herausgeschnitten. Dann wurden diese flachen Bodenproben in dem in Abb. 13 abgebildeten Apparat durch prismatischen (Abb. 14) und zylindrischen (Abb. 15 und 16) Stempel seitlich gedrückt. Die entstandenen Gleitflächen,

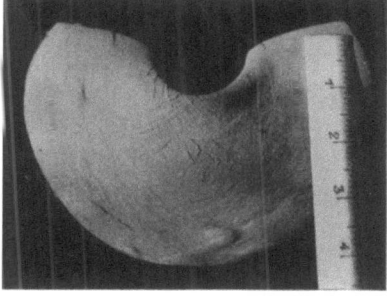

Abb. 15.

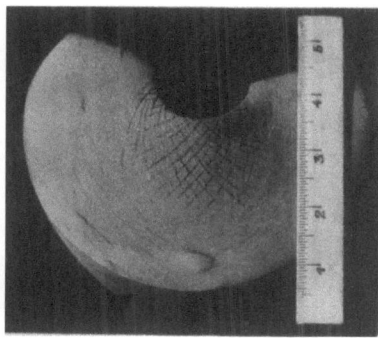

Abb. 16.

deren Spuren auf den Oberflächen der in Abb. 14, 15 und 16 abgebildeten Proben zu sehen sind, fallen mit den Flächen der größten Schubspannungen zusammen.

Der kleine Winkel, den die Spuren dieser Gleitflächen einschließen, ist gleich $\pi/2 - \Phi$, wo Φ der Winkel der inneren Reibung ist [14, 2]. Abb. 15 und 16 zeigen dieselbe Probe. In Abb. 16 wurden die Spuren mit Bleistift verstärkt. Bei zylindrischen Proben mit halbkreisförmigem Querschnitt sind diese Spuren ähnlich den logarithmischen Spiralen, die beim radialen Fluß erhalten wurden [12, 13].

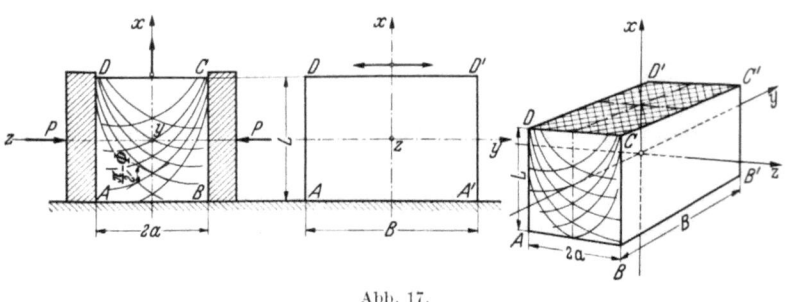

Abb. 17.

Den durch diese Spuren eingeschlossenen Winkel kann man auf den vergrößerten Bildern (oder beim Projizieren) messen und dann den Winkel Φ berechnen.

2. Der Ausquetschversuch.

a) Die aus im Laboratorium verdichteten oder ungestörten Bodenproben herausgeschnittenen Prismen wurden zwischen zwei starren und reibenden Platten so gedrückt, daß die Probe nur in drei Richtungen fließen konnte (Abb. 17 und 18).

Die für diesen Zweck benutzte Einrichtung ist in Abb. 19 und 20 zu sehen. Die starren Platten konnten sich wegen Führungen nur in der waagerechten Druckrichtung bewegen. Der

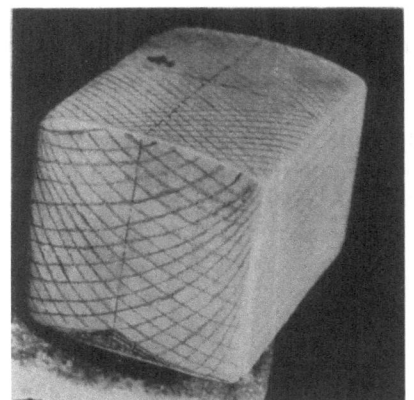

Abb. 18.

Abb. 19.

waagerechte Druck P wurde durch ein auf einem Hebel laufendes Gewicht erzeugt und über eine Schneidenklaue auf den Rahmen R und durch diesen auf die starre Platte eingeleitet (Abb. 19 und 20). Um den ganzen Scherwiderstand des Bodens unter den Druckflächen wirksam werden zu lassen, wurden die Druckflächen der Platten durch sich kreuzende Rinnen rauh gemacht.

Abb. 20.

b) Die Proben aus den in Abschnitt II beschriebenen Bodenarten wurden in Scherbüchsen bei Normaldrücken von 0,5 bis 8 kg/cm² verdichtet. Nach einer Zeitdauer von 8 bis 10 Tagen wurden sie schnell entlastet und aus den Scherbüchsen herausgenommen und unter einer Glasglocke ihnen 1 bis 2 Stunden Zeit zum elastischen Schwellen gelassen. Dann wurden aus diesen Proben die Versuchsprismen, deren Abmessungen in Tab. 2 und 3 angegeben sind, herausgeschnitten. Beim Herstellen der Prismen ist besonders darauf zu achten, daß die gegenüberliegenden Flächen zueinander parallel sind.

Beim Versuche kann die Druckrichtung

Ermittlung des Winkels der inneren Reibung beim Erzeugen der Gleitlinien auf der Probenoberfläche.

entweder mit der Richtung der Vorverdichtungslast zusammenfallen oder senkrecht zu ihr wirken. In dem letzten Falle sind die Spuren der Gleitflächen auf den Oberflächen noch deutlicher.

Die Versuche haben gezeigt, daß die Scherwiderstände in den beiden Richtungen praktisch gleich sind.

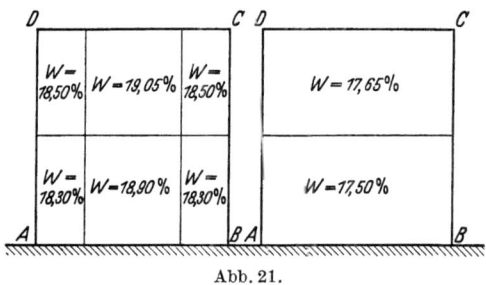

Abb. 21.

c) Bei diesen Versuchen entsteht auf den seitlichen Oberflächen eine Gleitflächenschar ähnlich der Gleitlinienschar, wie sie in plastischen Massen entsteht, die zwischen zwei parallelen Platten gedrückt wird. In dem letzten Falle besteht die Gleitlinienschar aus gemeinen Zykloiden [12].

Diese Kurven schneiden sich unter einem Winkel $\pi/2 - \Phi$, wo Φ der Winkel der inneren Reibung des Bodens ist [14, 2].

Auf Grund dieser Ähnlichkeit, von der man sich durch Studieren der Abb. 22 bis 38 überzeugen kann, darf der in der Probe zustandekommende Spannungszustand als ein ebener Spannungszustand angenommen werden. Ferner wurden diese Versuche so schnell durchgeführt, daß während des Versuches keine bedeutende Entwässerung zustandekommen konnte. Deshalb darf das Volumen der Probe als unverändert angesehen werden (Abb. 21).

Abb. 22.

Abb. 23.

Abb. 24.

Deswegen ist auch für diesen Fall die Gleichung:
$$(1) \qquad (\sigma_x - \sigma_z)^2 + 4\,\tau^2 = 4\,S^2$$
als die Plastizitätsbedingung anzunehmen[1] (s. Abschn. V, Formel 1a). Dann kann man auf Grund der obigen

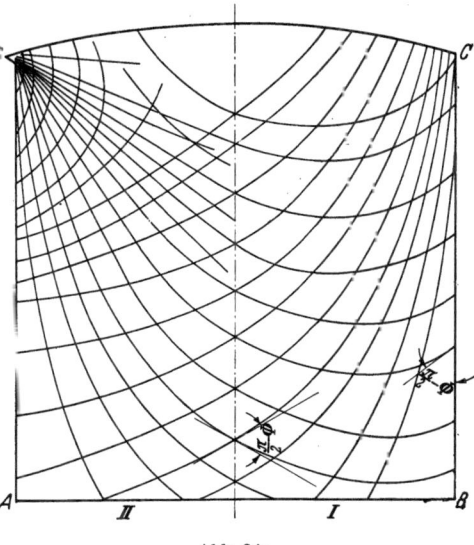

Abb. 24a.

---
[1] Nach den Versuchen von v. Terzaghi [19, 2] ist die Fließbedingung für bindige Böden, und zwar für rasche Lastaufbringung (oder vor dem hydrodynamischen Spannungsausgleich):
$$\sigma_1 - \sigma_3 = -\frac{2\sin\Phi \cdot p_k}{1 - \sin\Phi} = \text{Konstant}.$$
Hier sind: σ_1 und σ_3 = Hauptspannungen, p_k = Innendruck. Diese Fließbedingung und Gl. (1) drücken dasselbe aus.

Behauptungen die Formel 1b im Abschnitt V für die Berechnung der Spannungskomponenten benutzen. Infolgedessen wird auch in diesem Falle der Scherwiderstand mit der Gleichung:

(2) $$S = P \cdot a'/B' \cdot L'^2$$

berechnet. Hier sind $2a'$, B' und L' die Abmessungen der Probe beim Bruch (vgl. Abschn. V).

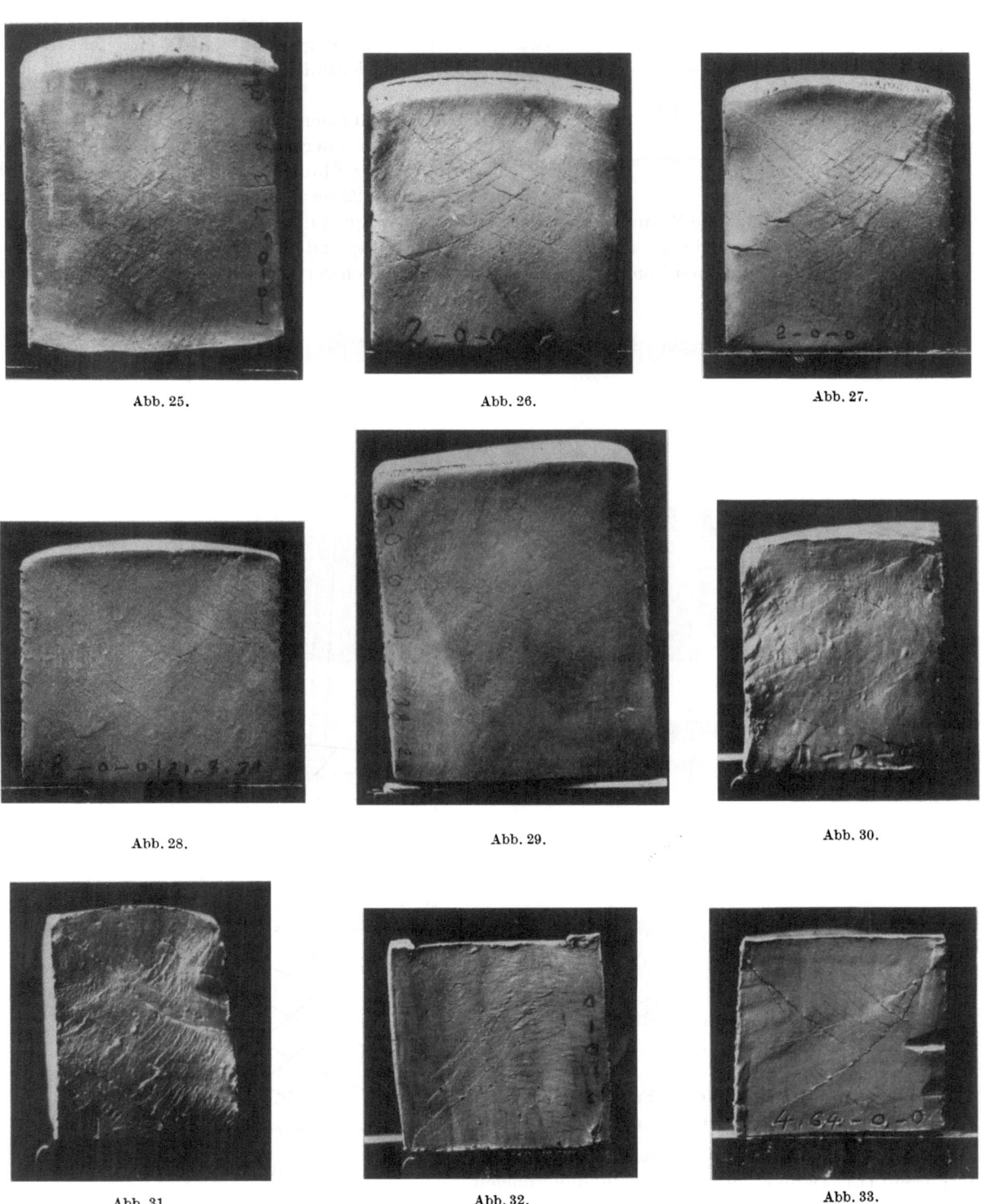

Abb. 25.   Abb. 26.   Abb. 27.

Abb. 28.   Abb. 29.   Abb. 30.

Abb. 31.   Abb. 32.   Abb. 33.

d) Obwohl der Scherwiderstand bei diesen Versuchen unabhängig von dem Normaldruck ist, wurde immer dafür gesorgt, daß die mittlere Druckspannung auf der Druckfläche $ADA'D'$ niemals den Verdichtungsdruck überstieg, damit ein bedeutender Überdruck im Porenwasser vermieden wurde und so der Wassergehalt der Probe während des Versuches als konstant angesehen werden konnte.

Da die Normaldruckverteilung dreieckig ist und der maximale Normaldruck bei manchen Versuchen etwas größer als der Verdichtungsdruck der Probe war, wurde festgestellt, daß besonders beim Schluff eine praktisch unbedeutende Entwässerung stattfindet (Abb. 21). Da diese Entwässerung durch die freien Oberflächen stattfindet, vermutet man, daß man durch diese Entwässerung dem Einfluß der durch Verdunstung entstehenden Kapillarkräfte aus dem Wege gehen könne.

3. Durchführung der Versuche.

Die seitlichen und oberen Oberflächen der Prismen $ABCD$, $A'B'C'D'$ und $CDC'D'$ in Abb. 17 wurden mit einem Spachtel so gestrichen, daß diese Oberflächen sozusagen poliert waren. Dann wurden sie zwischen die starren und reibenden Druckplatten gelegt und stetig auf Druck beansprucht. Die Druckkraft P wurde bis zum Eintreten der Fließfiguren gesteigert, und in diesem Augenblick wurde der Abstand $2a'$

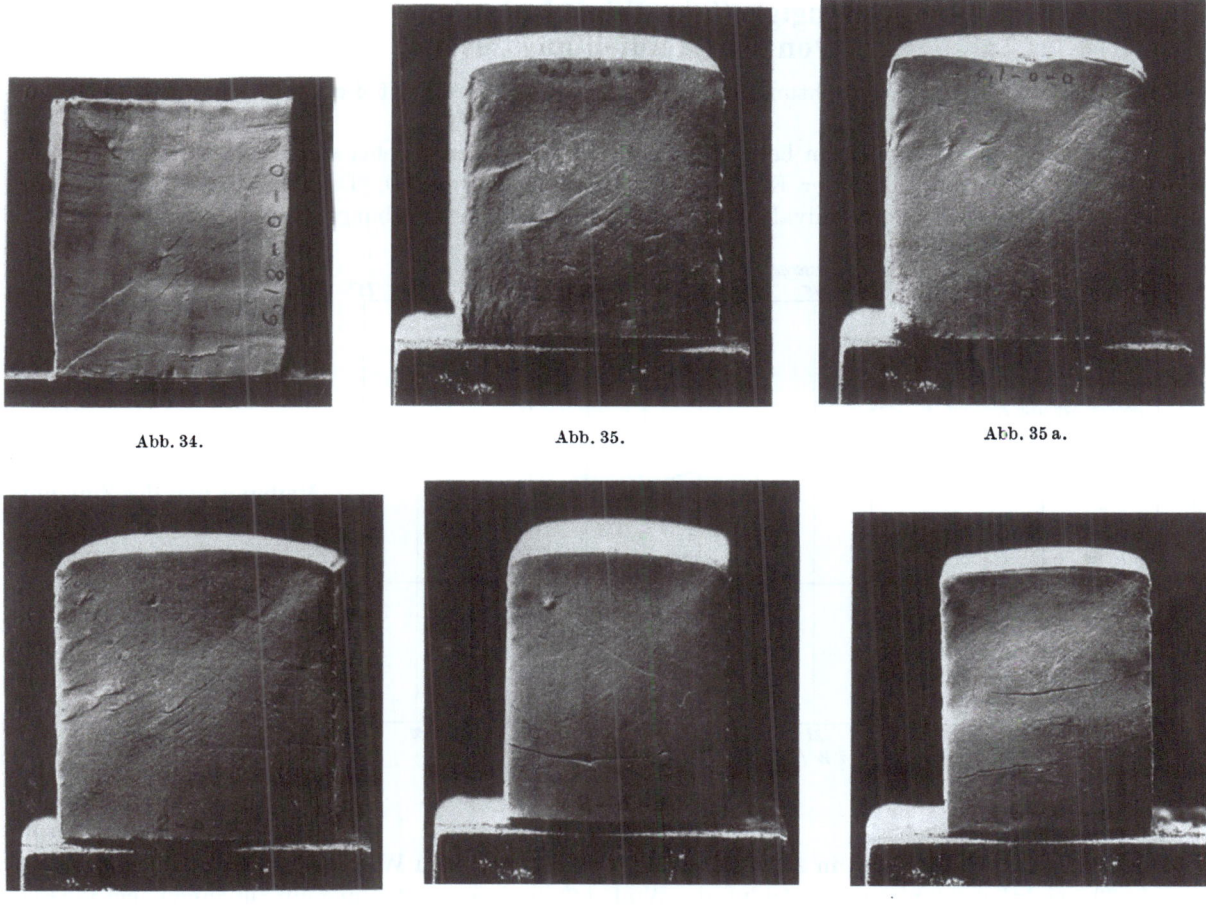

Abb. 34. Abb. 35. Abb. 35a.

Abb. 36. Abb. 37. Abb. 38

schnell und vorsichtig gemessen und die Druckkraft P wieder auf Null gebracht. Die Abmessungen B' und L' wurden nach dem Versuche gemessen. Die Versuchsdauer hing von dem Wassergehalt der Probe ab und schwankte zwischen 30 Sekunden und 4 Minuten.

Die Gleitflächenspuren auf den Oberflächen wurden fotografiert. Die Winkel, die die Gleitflächenspuren einschließen, wurden auf den vergrößerten Bildern (auch beim Projizieren) gemessen.

4. Störungen.

Beim Winkelmessen hat man darauf zu achten, daß die von den Kanten ausstrahlenden Liniensysteme mit den zykloidischen Gleitlinien nichts zu tun haben.

Zu diesem System gehört auch ein Kurvensystem, das mit ihm einen Winkel von der Größe $\pi/2 - \Phi$ einschließt (Abb. 24 und 24a). Der Einfluß dieser letzten Gleitfiguren auf die zykloidischen Gleitlinien ist in der Umgebung der Kanten sehr stark.

Wegen Durcheinandergehens dieser beiden Gleitlinienscharen weicht der in dieser Zone gemessene

Winkel von dem wirklichen ab. Da die Zykloiden die Grenzlinien AD und BC berühren müssen, sollten die zur anderen Schar gehörigen Kurven die Grenzlinien unter $\pi/2 - \Phi$ schneiden (Abb. 24a, I).

Bei den Versuchen kam dies nicht vor, weil die Kantenstörung eine Verminderung in der Krümmung der Zykloiden verursachte und die in der Umgebung der unteren Kanten zustandekommenden Fließfiguren unsichtbar waren.

Der Winkel, der auf der unteren Mitte der $ABCD$-Fläche gemessen wird, kann als der maßgebende Winkel zur Berechnung des Winkels der inneren Reibung angenommen werden.

Ferner sind auch manche örtliche Störungen, die von gröberen Körnern u. a. hervorgerufen werden können, zu beachten.

VII. Die Versuchsergebnisse.

1. Die Abhängigkeit des Winkels der inneren Reibung von dem Verdichtungszustand.

a) Bei fortschreitender Verdichtung nimmt in einer Volumeneinheit die vorhandene feste Phase zu und der Wassergehalt ab.

In dieser neuen Konsistenzform besitzt der Boden einen höheren Scherwiderstand. Der Scherwiderstand besteht aus zwei Teilen, der Kohäsion und dem Reibungsanteil. Das Verhältnis des Reibungsanteiles zu dem vorhandenen äquivalenten Normaldruck wird als Reibungsbeiwert bezeichnet und der Winkel, der diesen Beiwert als Tangente hat, als Winkel der inneren Reibung.

Da der Kohäsionsanteil des Scherwiderstandes auch mit der Verdichtung zunimmt [3], hängt die Größe des Winkels der inneren Reibung von der Zunahme der Kohäsion ab.

Da es beim Ausquetschversuch möglich ist, den Winkel der inneren Reibung auf den Oberflächen des Versuchskörpers mittels der zustande kommenden Gleitlinienspuren zu messen, wurde die obige Behauptung durch Versuch nachgeprüft.

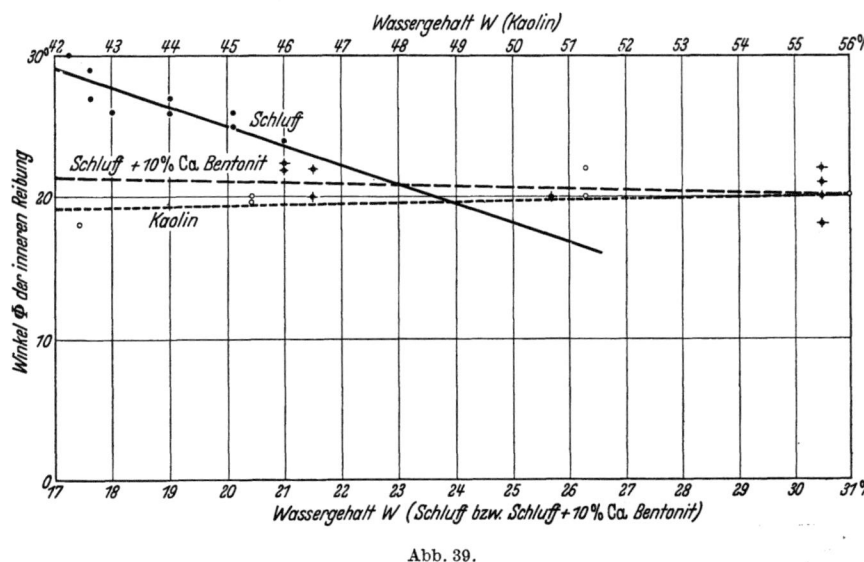

Abb. 39.

Die Versuchsergebnisse sind in Abb. 39 in Abhängigkeit von dem Wassergehalt aufgetragen. Wie es in Abb. 39 ersichtlich ist, nimmt bei Schluff der Winkel Φ der inneren Reibung mit zunehmendem Wassergehalt verhältnismäßig stark ab.

Bei 10% Ca bentonithaltigem Schluff ist die Abnahme des Winkels Φ sehr gering.

Bei Kaolin aber ist eine schwache Zunahme des Winkels Φ zu sehen. Da der genannte Scherwiderstand mit der Verdichtung zunimmt, scheint es, daß bei dieser feinkörnigen Bodenart die Zunahme der Kohäsion rascher als bei schluffigen Bodenarten erfolgt.

Daß der Reibungsbeiwert des Scherwiderstandes mit zunehmender Verdichtung abnimmt, kann man darauf zurückführen, daß die Kaolinteilchen in dichterem Zustand sich entlang den Gleitflächen noch regelmäßiger anordnen können und dadurch den Widerstand gegen Verschiebung vermindern.

b) Von einem gewissen Wassergehalt ab kommen die Gleitflächenspuren unregelmäßiger und etwas plötzlich vor.

Die Proben zeigen dann die den Gesteinen gehörigen Eigenschaften an. Der Begriff des Winkels der inneren Reibung verliert dann seinen Sinn.

Da die Drücke, die den bei Verdunstung erreichten Verdichtungszuständen entsprechen, sehr hoch sind und in den praktischen Fällen nicht vorkommen, wurden die Versuche auf die durch Belasten erreichbaren Verdichtungszustände beschränkt.

Die Versuchsergebnisse.

Tabelle 2. Versuche mit Schluff:

p_k	Abmessungen der Probekörper						P	p_m	s	W_m	p_e
	Vor dem Versuche			Nach dem Versuche							
	$2a$	B	L	$2a'$	B'	L'					
kg/cm²	mm	mm	mm	mm	mm	mm	kg	kg/cm²	kg/cm²	%	kg/cm²
0,5	50	50	36	42	52	36	9	0,48	0,56	21	0,89
0,5	50	50	36	41	53	37	11	0,56	0,62	21	0,89
0,5	40	50	36	33	52	37	11,5	0,60	0,54	21	0,89
0,5	60	50	36	49	52	39	10	0,49	0,62	21	0,89
1	49	49	40	38	55	40	15	0,68	0,735	20	1,40
1	49	49	40	38	56	40	17,5	0,78	0,745	20	1,40
1	58	50	40	53	56	40	12,5	0,56	0,74	20,15	1,30
1	40	42	40	33	47	40	16,5	0,88	0,73	20,15	1,30
2	50	50	35	41	52	33	24	1,28	1,46	19	2,15
2	50	50	35	43	52	36	22	1,17	1,40	19	2,15
2	40	50	35	35	51	36	25	1,36	1,33	19	2,15
2	60	50	35	48	52	36	22	1,17	1,57	19	2,15
2	50	50	40	42	51	40	26	1,27	1,34	19,1	2,05
2	50	50	40	35	53	40	34	1,60	1,40	19,1	2,05
2	40	50	30	34	53	32	26	1,53	1,63	19,1	2,05
2	34	60	40	29	60	40	45	1,87	1,36	19,3	1,90
2	34	60	40	27	60	40	46	1,91	1,30	19,3	1,90
2	34	60	30	26	60	32	28	1,46	1,28	19,3	1,90
3	51	50	34	44	52	36	34	1,81	2,2	18	3,40
3	51	50	34	44	52	36	35	1,87	2,3	18	3,40
3	60	48	34	52	51	36,5	32	1,71	2,44	18	3,40
4	50	50	36	39	54	36	50	2,57	2,8	17,6	4,00
4	50	50	36	42	51	36	45	2,45	2,86	17,6	4,00
4	60	50	36	49	50	37	42	2,27	2,94	17,6	4,00
4	40	35	32	32	38	33	36	2,87	2,78	17,6	4,00
8	50	50	35	42	52	36	57,5	3,08	3,6	17,3	4,60
8	50	50	35	42	52	36,5	60	3,16	3,56	17,3	4,60
8	50	50	35	42,5	52	36	58	3,10	3,65	17,3	4,60
8	40	50	35	36	52	35,5	62,5	3,39	3,44	17,3	4,60

Tabelle 3. Versuche mit Schluff + 10% Ca Bentonit:

p_k	Abmessungen der Probekörper						P	p_m	s	W_m	p_e
	Vor dem Versuche			Nach dem Versuche							
	$2a$	B	L	$2a'$	B'	L'					
kg/cm²	mm	mm	mm	mm	mm	mm	kg	kg/cm²	kg/cm²	%	kg/cm²
0,715	36	50	32	31	52	33	11	0,64	0,6	30,5	0,71
0,715	45	50	32	38	55	36	10	0,505	0,54	30,5	0,71
0,715	56	44	32	45	50	36	10	0,555	0,69	30,5	0,71
2	56	46	30	45	50	36	24	1,33	1,66	25,7	2,20
2	47	47	30	37	50	35	26,5	1,51	1,60	25,7	2,20
2	40	48	30	33	50	34	27,5	1,62	1,57	25,7	2,20
2	30	48	31	27	50	33	29	1,76	1,44	25,7	2,20
2,5	49	52	38	42	55	39	37,5	1,74	1,88	25,15	2,50
2,5	46	44	38	36	47	40	38,75	2,06	1,85	25,15	2,50
2,5	60	47	38	45	57	40	37,5	1,64	1,85	25,15	2,50
2,5	40	47	38	35	51	40	39,5	1,93	1,70	25,15	2,50
6	46	42	29	39	43	30	45	3,49	4,55	21,5	5,90
6	47	47	29	40	50	30	50	3,34	4,45	21,5	5,90
6	27	41	29	25	41	30	56	4,55	3,80	21,5	5,90
6	60	45	29	51	46	32	40	2,72	4,35	21,5	5,90

Versuche mit Kaolin:

0,822	36	52	32	30	55	35	8,5	0,44	0,38	57,2	—
0,822	30	50	32	26	55	34	9	0,48	0,37	57,2	—
2,09	38	52	31	35	53	32	11	0,65	0,71	51,8	—
2,09	35	52	31	31	52	32	13	0,78	0,755	51,8	—
4,64	32	51	29	30	51	29	32,5	2,20	2,27	45,4	—
4,64	36	51	29	34	51	29	30	2,03	2,38	45,4	—
6,18	34	50	28	33	51	28	40	2,80	3,30	42,4	—
6,18	38	51	28	36	51	28	35	2,45	3,15	42,4	—

2. Die Abhängigkeit des Scherwiderstandes von dem Verdichtungszustand.

Die Versuchsergebnisse sind in Tab. 2 u. 3 wiedergegeben.
Hier bedeuten:

p_k = Normaldruck, unter dem der Boden verdichtet wurde,
P = Normalkraft auf die Druckplatte, die in dem Augenblick des Eintretens der Fließfiguren die in den Tabellen angegebenen Werte erreicht,
p_m = der mittlere Normaldruck auf die Fläche $ADA'D'$ (Abb. 17),
S = Scherwiderstand berechnet nach der Formel 2 im Abschnitt VI, c,
W_m = mittlerer Wassergehalt nach dem Versuche,
p_e = dem mittleren Wassergehalt entsprechender äquivalenter Druck.

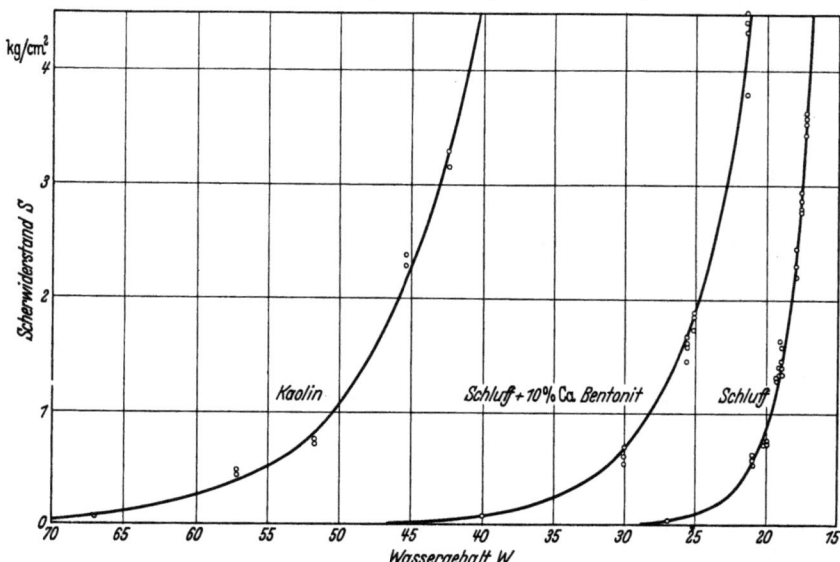

Da der Wassergehalt ein Maß für den Verdichtungszustand ist, wurden in Abb. 40 u. 41 die Scherwiderstand-Wassergehalt-Diagramme aufgetragen. Nach diesen Diagrammen ist die Beziehung zwischen Scherwiderstand und Wassergehalt logarithmisch. Zum Vergleich und für Auftragung der Scherwiderstand-Äquivalentdruck-Diagramme wurden in der Abb. 41 auch die Druck-Wassergehalt-Diagramme aufgetragen. Da

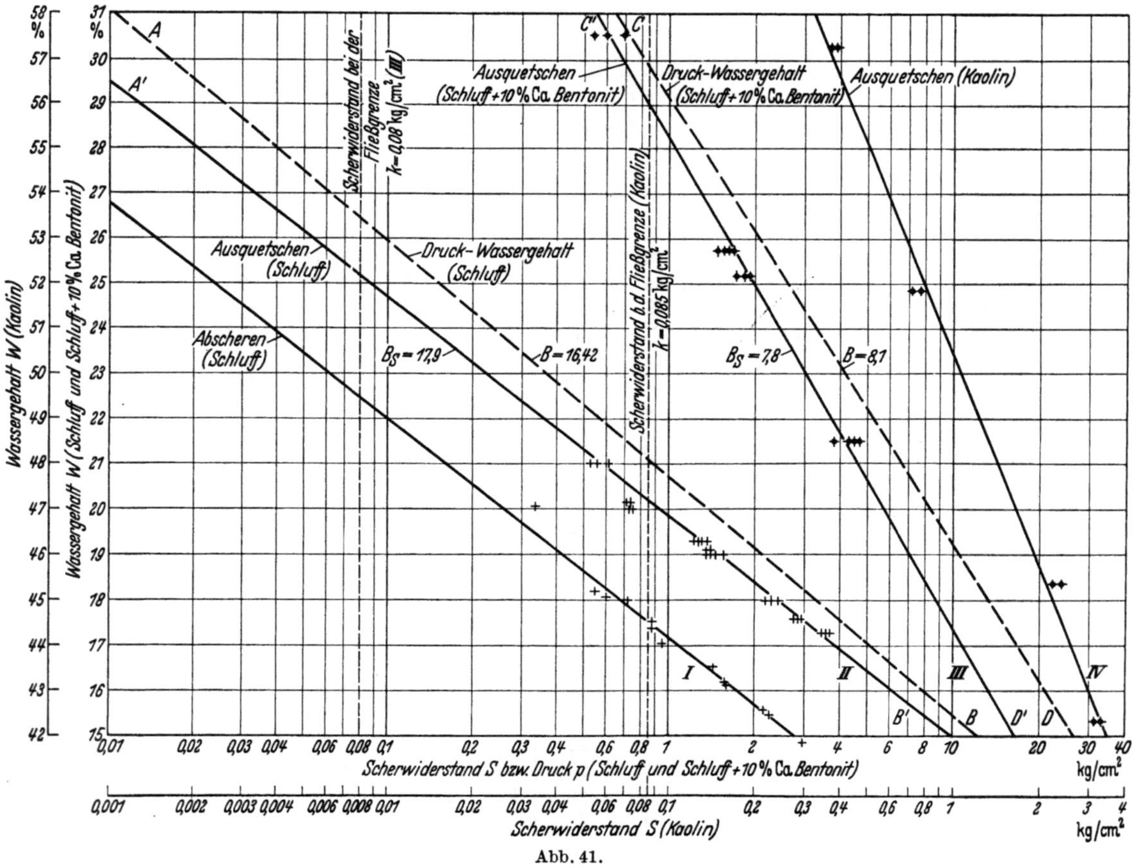

Abb. 40.

Abb. 41.

die den Bruch verursachende Kraft P von der Probendicke $2a$ abhängt und während des Versuches praktisch keine weitere Verdichtung zustande kommt, ist der Scherwiderstand von dem Normaldruck auf die Bruchebene unabhängig.

Auch bei den Quetschversuchen von Jürgenson ist der Scherwiderstand von dem Normaldruck unabhängig [5] (Abb. 12b u. 12c).

Wenn man die Versuche langsam durchführt, so daß die Probe während des Versuches weiter verdichtet wird, kommt der Bruch noch später vor.

Infolgedessen ist der Scherwiderstand nur eine Funktion des Verdichtungszustandes.

Da der Verdichtungszustand von den äußeren Kräften, der Zeit und den Entwässerungsmöglichkeiten abhängt, ist der Scherwiderstand auch eine Funktion der äußeren Kräfte, der Zeit und der Entwässerungsmöglichkeiten.

Wenn man von der kleinen Ab- oder Zunahme des Scherwiderstandes absieht, haben auch die direkten Scherversuche, bei denen entweder das überflüssige Porenwasser nicht abfließen konnte [3] oder die Probe für die Konsolidierung unter den zusätzlichen Normalspannungen keine Zeit fand [11], gezeigt, daß der Scherwiderstand nicht von den Normaldrucken sondern von dem Verdichtungszustand abhängt. Wenn man den Ausquetschversuch genügend schnell durchführt, so daß keine weitere Verdichtung zustande kommen kann, kann man annehmen, daß der ermittelte Scherwiderstand dem vor dem Versuche vorhandenen Verdichtungszustand entspricht.

Bei verhältnismäßig undurchlässigen Bodenarten ist der dem W_m entsprechende äquivalente Druck p_e gleich dem Verdichtungsdruck p_k anzunehmen, vorausgesetzt, daß die Probe beim Ausbauen aus der Scherbüchse keine weitere Wassermenge aufsaugt und während des Versuches nicht weiter verdichtet wird, und daß keine Verdunstung vorkommt.

Bei Schluff, der 10% Ca Bentonit enthält, können p_k und p_e als gleich angesehen werden (Tab. 3).

Beim Schluff dagegen sind die p_e-Werte, wegen seiner verhältnismäßig höheren Durchlässigkeit, größer als die p_k-Werte.

Bei manchen Proben aber sind die p_e-Werte, wegen Aufsaugens von Wasser beim Ausbauen, kleiner als die p_k-Werte.

Deshalb sind in Abschnitt VIII statt der Druck-Scherwiderstand-Diagramme die Äquivalentdruck-Scherwiderstand-Diagramme aufgetragen.

3. Änderung des Scherwiderstandes zwischen Ausroll- und Fließgrenzen.

In Abb. 42 ist der Scherwiderstand verschiedener Böden in Abhängigkeit von dem Konsistenzzustand aufgetragen. Die Differenz zwischen Fließ- und Ausrollgrenzen (der Plastizitäts-Index) wurde als Einheit angenommen. Nach diesen Scherwiderstand-Konsistenz-Kurven hat ein Zusatz von 10% Ca Bentonit den Scherwiderstand des Schluffes für denselben Bruchteil des Plastizitätsindexes etwa 2,2fach erhöht.

Die zum gleichen Bruchteil des Plastizitätsindexes gehörigen Äquivalentdrücke sind auch höher geworden.

Das Verhältnis zwischen diesen Normaldrücken wird um so größer, je kleiner der Bruchteil des Plastizitätsindexes ist.

Diese Verhältnisse wachsen etwa folgendermaßen: Zu $3/4\,P$, $1/2\,P$ und $1/4\,P$ gehören Erhöhungen der äquivalenten Drücke von annähernd 1,5, 1,8 und 2,1.

Infolgedessen liegt die Scherwiderstandskurve des 10% Ca Bentonit enthaltenden Schluffes bis zu einem gewissen äquivalenten Druck höher als die des Schluffes (Abb. 46).

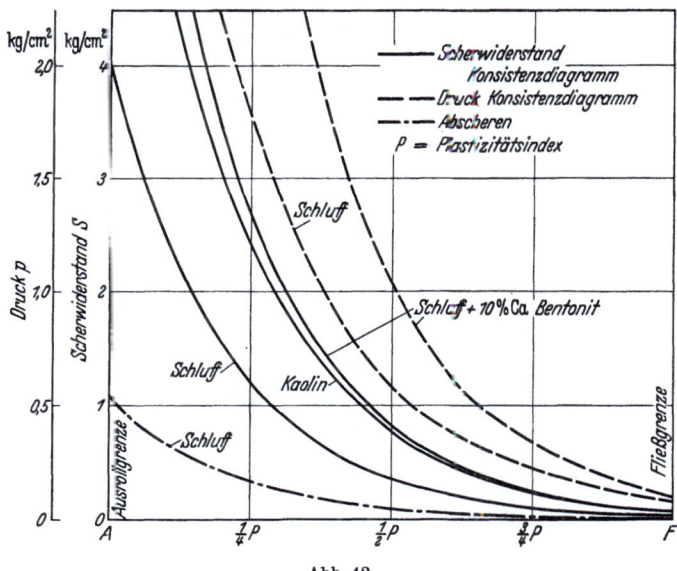

Abb. 42.

Von diesem äquivalenten Druck ab liegt sie unter der Scherwiderstandskurve des Schluffes.

Die Kurve für Kaolin liegt unter der Kurve des mit 10% Ca Bentonit gemischten Schluffes (Abb. 42).

VIII. Vergleich der Versuchsergebnisse.

1. Scherwiderstand.

Die Werte der Scherwiderstände, die mittels Casagrandescher Scherbüchsen oder durch Ausquetschen ermittelt wurden, sind in Abb. 22 in Abhängigkeit vom Wassergehalt aufgetragen.

Nach diesen logarithmisch verlaufenden Diagrammen (s. Abb. 41) sind die durch Casagrandesche Scherbüchsen ermittelten Werte viel niedriger als die Werte, die mittels Ausquetschen ermittelt wurden. Das kann man auf die in Abschnitt III besprochenen Behauptungen zurückführen.

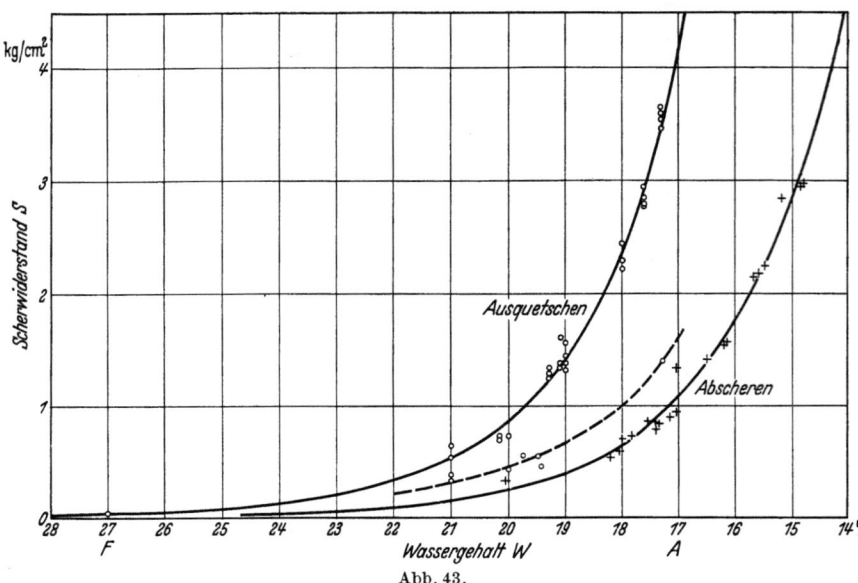

Abb. 43.

Durch schnell durchgeführte Scherversuche erhält man niedrigere Scherwiderstände. Bei solchen Versuchen aber sind die entsprechenden Wassergehalte höher, und die Scherwiderstand-Wassergehalt-Kurve scheint etwas höher zu liegen als die für die langsam durchgeführten Versuche (Abb. 41, die punktierte Kurve).

Wegen der Ähnlichkeit dieser Scherwiderstand-Wassergehalt-Kurven mit den primären Verdichtungskurven kann man annehmen, daß auch diese Kurven annähernd der Gleichung:

$$(1) \qquad W = -\frac{\gamma}{B_s} \ln \frac{S}{S_1} + W_{s1}$$

gehorchen[1]. Es bedeuten:

B_s = eine dimensionslose Konstante, die dem Verdichtungsbeiwert B entspricht [17, 3];
S_1 = Scherspannungseinheit = 1 kg/cm²;
W_{s1} = Wassergehalt für die Scherspannung $S = 1$ kg/cm²;
γ = mittleres spezifisches Gewicht der Festsubstanz.

2. Der Winkel der inneren Reibung.

Zum Vergleich wurden die nach verschiedenen Methoden ermittelten Werte des Winkels der inneren Reibung in Tab. 4 zusammengefaßt:

Tabelle 4.

Bruchbedingung	Schluff	Schluff + 10% Ca Bentonit	Kaolin
1. $S = p \cdot \mathrm{tg}\, \Phi_s + K$	$\Phi_s = 35°$ ⎫[2]	—	—
2. $S = p \cdot \mathrm{tg}\, \Phi_r + p_m \cdot \mathrm{tg}\, \Phi_k$	$\Phi_r = 34°$ ⎭	—	—
3. $S = p \cdot \mathrm{tg}\, \Phi_0 + \varkappa \cdot p_e$	$\Phi_0 = 20°$	—	—
4. Auf den Fließfiguren gemessen ...	$\Phi = 30° - 22°$	$\Phi = 22° - 18° (20°)$	$\Phi = 18° - 22°$

Für die Bedeutung der Symbole vgl. Abschnitt IV.

Der Unterschied der drei Formeln besteht in einer verschiedenen Aufteilung des ganzen Scherwiderstandes auf den Reibungsanteil und den Kohäsionsanteil und in verschiedenen Annahmen über die Veränderlichkeit der Kohäsion. Nach dieser Tab. 4 ist der scheinbare Winkel der inneren Reibung Φ_s ein Maximum. Bei den natürlich verdichteten Böden ist $K = 0$. In diesem Falle ist die Kohäsion, die den Normaldrücken $p \neq 0$ entspricht, als Reibung aufgefaßt. Infolgedessen zeigt der Wert des Winkels Φ ein Maximum.

---

[1] Da $\varepsilon = \gamma W$ ist, würden die Kurven dem Charakter nach dieselben bleiben, wenn man statt des Wassergehalts die Porenziffer ε als Ordinate aufzutragen hätte.

[2] Φ_s, Φ_r und K sind von den Versuchsbedingungen abhängige empirische Ziffern. Für die physikalische Bedeutung dieser Ziffern s. [20] im Schrifttum.

Vergleich der Versuchsergebnisse.

Bei der zweiten Bruchbedingung ist die Kohäsion als von dem maximalen Verdichtungsdruck p_m abhängig angenommen. Der nach dieser Methode erhaltene Wert des sog. Winkels der inneren Reibung Φ_r unterscheidet sich von Φ_s nicht wesentlich.

Bei der dritten Bruchbedingung hängt die Kohäsion von dem nach dem Versuche vorhandenen Verdichtungszustand ab.

Infolgedessen ist der Kohäsionsanteil des Scherwiderstandes größer und deswegen der Reibungswinkel Φ_0 ein Minimum (s. Abb. 44).

In den ersten drei Fällen sind die Winkel der inneren Reibung als unabhängig von dem Verdichtungszustand angesehen worden. Die Ausquetschversuche aber haben gezeigt, daß auch der Winkel Φ der inneren Reibung von dem Verdichtungszustand abhängt (s. Abb. 39). Die gemessenen maximalen und minimalen Werte des Winkels Φ sind in Tab. 4 zu sehen.

3. Die Kohäsion.

a) Nach der Coulombschen Bruchbedingung ist die Kohäsion entweder eine Konstante oder Null. Für die bindigen Böden hängt dies von dem Versuchsvorgang (von der Natur des Verdichtungszustandes) ab.

b) Nach der Krey-Tiedemannschen Bruchbedingung hängt die Kohäsion von dem maximalen Verdichtungsdruck p_m ab (Abschnitt IV, Ziffer 2). Für die nach diesem Prinzip ermittelte Kohäsion gibt es einen maximalen Wert [13].

c) Nach Hvorslev ist die Kohäsion eine Funktion des Verdichtungsgrades [3]. In Abb. 44 stellt die $ob'd'$-Linie die mittels Casagrandesche Scherbüchsen ermittelte Scherwiderstandskurve dar. Die berechneten Kohäsionswerte sind von der Scherwiderstandskurve ab nach unten aufgetragen. Die in dieser Weise erhaltenen (a, b, c, d, e)-Punkte liegen auf einer Geraden. Diese Gerade, die als Reibungslinie bezeichnet wird, schließt mit der p-Achse einen Winkel von 20° ein. p ist der beim Abscheren vorhandene Normaldruck.

Bei dieser Darstellung scheint es, daß der Kohäsionsanteil des Scherwiderstandes des Schluffes mit zunehmender Verdichtung größer als der Reibungsanteil wird.

d) In Abb. 45 sind die mittels Ausquetschen ermittelten Werte des Scherwiderstandes in Abhängigkeit vom äquivalenten Druck aufgetragen. Dafür wurde von der Abb. 41 Gebrauch gemacht. Die demselben Wassergehalt entsprechenden Werte des Scherwiderstandes und Normaldruckes haben die Scherwiderstandskurve ($S - p_e$-Kurve) ergeben (Abb. 45,

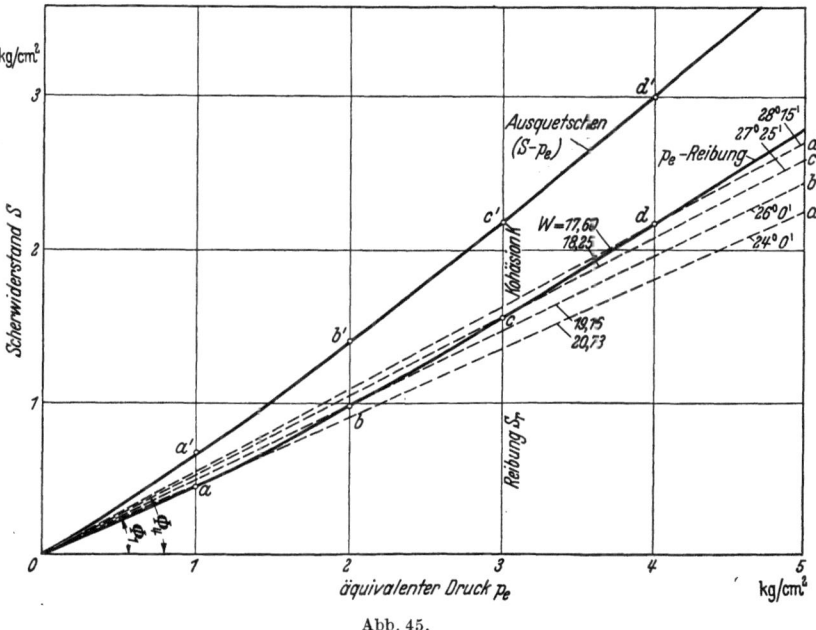

Abb. 45.

46). Durch Elimination des Wassergehaltes aus den Druck-Wassergehalts- und Scherwiderstands-Wassergehalts-Gleichungen (Ziffer 1) wird die Gleichung dieser Scherwiderstandskurve:

$$(1) \qquad -\frac{1}{\gamma B_s}\ln\frac{S}{S_1}+W_{s1}=-\frac{1}{\gamma B}\ln\frac{p}{p_1}+W_{p1}.$$

Mit $p_1=S_1=1$, $B_s/B=a$, und $B_s(W_{p1}-W_{s1})=b$ geht die Gl. (1) in die folgende über:

$$(2) \qquad \ln S = a\cdot\ln p - b$$

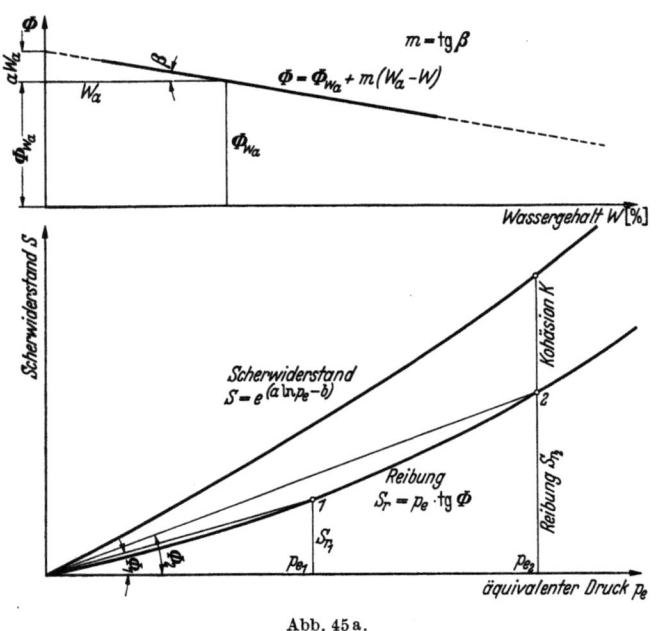

Abb. 45a.

Da bei der natürlichen Verdichtung der wirksame Normaldruck gleich dem äquivalenten Druck p_e ist (Abb. 1), kann man p in Gl. (2) durch p_e ersetzen.

Dann kann man die Gl. (2) in folgender Form schreiben:

$$(3) \qquad S = e^{(a\cdot\ln p_e - b)}.$$

Nach dieser Gleichung geht die $(S-p_e)$-Kurve durch den Nullpunkt. Diese Kurve wurde „Scherwiderstandskurve" genannt.

Wenn $B_s = B$ ist, dann sind die Druck-Wassergehalt- und Scherwiderstand-Wassergehalt-Diagramme parallele Geraden (vgl. Abb. 41).

Und da $a=1$ wird, geht die Gl. (3) in die folgende über:

$$(3a) \qquad S = p_e/C.$$

Hier ist $C=e^b$.

Infolgedessen wird auch die Scherwiderstandskurve eine Gerade.

Wenn $B_s>B$, ist $a>1$ und die Scherwiderstandskurve biegt sich dann nach oben (s. Abb. 46, Schluff).
Wenn $B_s<B$, ist $a<1$ und die Scherwiderstandskurve biegt sich dann nach unten (s. Abb. 46, Schluff + 10% Ca Bentonit). Ferner ändert sich der Winkel Φ der inneren Reibung mit dem Verdichtungszustand. Deswegen entspricht jedem Verdichtungszustand eine bestimmte und andere Reibungslinie. Diese Reibungslinien müssen durch den Nullpunkt gehen und mit der p_e-Achse den entsprechenden Winkel Φ der inneren Reibung einschließen (s. Abb. 45a).

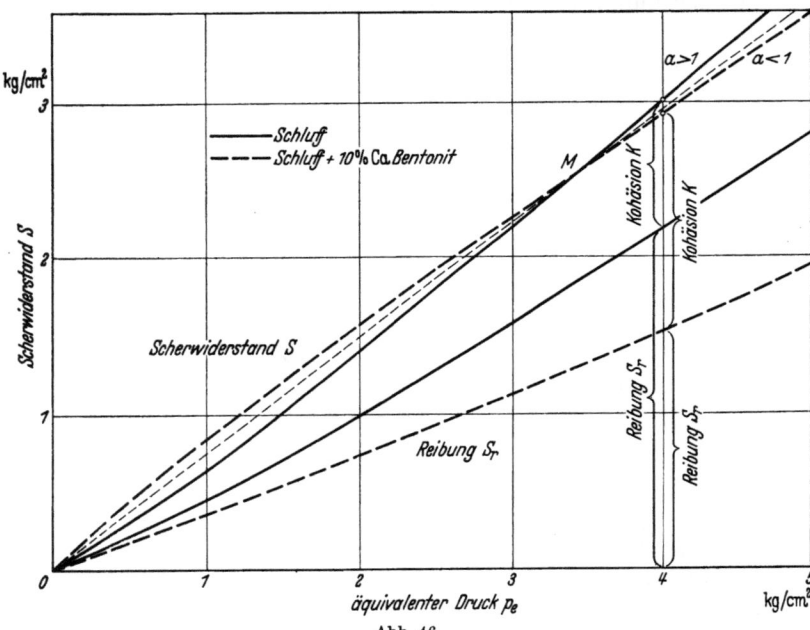

Abb. 46.

Diese Reibungslinie ist nur für den entsprechenden äquivalenten Druck gültig.

Auf Grund der obigen Behauptungen kann man als „Reibungskurve" eine Kurve mit der Gleichung:

$$(4) \qquad S_r = p_e \cdot \mathrm{tg}\,\Phi$$

annehmen.

Hier ist der Winkel Φ eine Funktion des Verdichtungszustandes. Die Form dieser Funktion wurde im Abschnitt VII Ziffer 1 als linear angenommen (Abb. 39 u. 45a).

Diese Annahme darf nur in einem bestimmten Bereiche des Verdichtungsgrades, in dem die Versuche durchgeführt wurden, gelten. In diesem Bereiche des Verdichtungsgrades kann der Winkel Φ in folgender Form ausgedrückt werden:

$$(5) \qquad \Phi = \Phi_{w_a} + \mathrm{tg}\,\beta\,(W_a - W) = \Phi_{w_a} + m\,(W_a - W).$$

Hier sind: Φ_{w_a} = der Winkel der inneren Reibung bei den Proben, die einen der Ausrollgrenze entsprechenden Wassergehalt enthalten; m ist eine Konstante, W_a ist der der Ausrollgrenze entsprechende Wassergehalt, W der Wassergehalt, den die Probe beim Versuche hat. Dann ist der reibungsartige Teil S_r des Scherwiderstandes:

(6) $$S_r = p_e \cdot \operatorname{tg}[\Phi_{w_a} + m(W_a - W)].$$

Jetzt kann der Kohäsionsanteil K des Scherwiderstandes folgendermaßen ausgedrückt werden:

(7) $$K = S - S_r$$

und

(8) $$K = e^{(a \cdot \ln p_e - b)} - p_e \cdot \operatorname{tg}[\Phi_{w_a} + m(W_a - W)].$$

Wenn man S durch den Wassergehalt ausdrückt [s. Gl. (1)], dann geht die obige Gl. (8) in die folgende über:

(9) $$K = e^{\gamma B_s (W_{s_1} - W)} - e^{\gamma B (W_{p_1} - W)} \cdot \operatorname{tg} \Phi_{w_a} + m(W_a - W).$$

Wenn $B_s = B$, ist die Scherwiderstandskurve eine Gerade [s. Gl. (2 u. 3)]. Wenn $m = 0$ ist, d. h. der Winkel Φ der inneren Reibung konstant ist, geht der Ausdruck der Kohäsion in die folgende Gleichung über:

(10) $$K = \lambda \cdot e^{-B \varepsilon}.$$

Hier sind: $\lambda = e^{\gamma B W_{s_1}} - e^{\gamma B W_{p_1}} \cdot \operatorname{tg} \Phi$, $\varepsilon = \gamma W$ = Porenziffer.

Dieser Ausdruck für die Kohäsion ist dem in Abschnitt IV, Ziffer 3 besprochenen Ausdruck von Hvorslev ähnlich.

Beim Schluff sind:
$B = 16{,}42$; $B_s = 17{,}9$; $W_{p_1} = 20{,}7\%$; $W_{s_1} = 19{,}9\%$; $\gamma = 2{,}72$ g/cm³.

Beim Schluff mit 10% Ca Bentonit:
$B = 8{,}1$; $B_s = 7{,}8$; $W_{p_1} = 29{,}1\%$; $W_{s_1} = 28{,}2\%$; $\gamma \approx 2{,}75$ g/cm³.

Die nach den verschiedenen Methoden berechneten Kohäsionsanteile des unter 4 kg/cm² natürlich verdichteten Schluffes sind selbstverständlich verschieden:

(11)
  Nach Gl. (9): $K = 0{,}83$ kg/cm².
  Nach Hvorslev: $K = 0{,}43$,, $\quad (K = \nu \cdot e^{-B \varepsilon})$
  Nach Tiedemann $K = 0{,}26$,,
  Nach Coulomb: $K = 0{,}00$,,

Zum Rechnen wurden in die Formeln $\nu = 1125$; $B = 16{,}42$; $B_s = 17{,}9$; $\gamma = 2{,}72$; $[\Phi_{w_a} + m(W_a - W)] = 28°15$; $W = 17{,}6\%$; $W_{p_1} = 20{,}7\%$; $W_{s_1} = 19{,}9\%$ gesetzt (vgl. Abb. 10, 11, 39 u. 41).

Beim Abscheren mit der Scherbüchse findet eine bedeutende Entwässerung statt. Während z. B. beim bis 4 kg/cm² natürlich verdichteten Schluff der Wassergehalt 17,6% beträgt, sinkt er beim Abscheren auf 14,85%.

Deswegen ist der Kohäsionsanteil nach Gl. (11) des unter 4 kg/cm² abgescherten Schluffes größer, und zwar 1,493 kg/cm² (s. Abb. 44).

Der Kohäsionsanteil des ebenfalls bis 4 kg/cm² natürlich verdichteten und 10% Ca bentonithaltigen Schluffes ist nach Gl. (9) $K = 1{,}42$ kg/cm².

Gegenüber diesem Zunehmen des Kohäsionsanteiles hat aber der Winkel der inneren Reibung abgenommen, so daß die Scherwiderstände der beiden Bodenarten praktisch als unverändert angesehen werden können.

Die in Abb. 46 gezeichneten Scherwiderstandskurven dürfen durch eine Gerade OM ersetzt werden.

IX. Zusammenfassung.

Die Bruchbedingung bindiger Böden läßt sich im allgemeinen folgendermaßen formulieren:
$$S \quad = \quad \mu p \quad + \quad K$$
Scherwiderstand = Reibungsanteil + Kohäsionsanteil.

Der wesentliche Unterschied zwischen verschiedenen Methoden besteht in einer verschiedenen Aufteilung des ganzen Scherwiderstandes auf den Reibungsanteil und den Kohäsionsanteil und verschiedenen Annahmen über die Veränderlichkeit der Kohäsion und des Reibungsbeiwertes.

1. Nach Coulomb sind μ und K Materialkonstanten. Bei sandigen Böden kann diese Annahme stimmen.

Bei bindigen Böden in natürlich verdichtetem Zustand ist S für $p = 0$ (an der Fließgrenze) praktisch als Null anzusehen. (Die Scherwiderstandslinie geht durch den Nullpunkt. In Abb. 10 die 0—5-Linie.) Da K nach Coulomb eine Konstante ist, muß $K = 0$ sein.

Der Winkel Φ_s, der die Verhältnisse S/p [oder $(S - K)/p$] als Tangente hat, wird als der scheinbare Winkel der inneren Reibung bezeichnet.

2. Nach Krey-Tiedemann ist μ eine Materialkonstante und K eine von dem Vorverdichtungsdruck p_m abhängige Größe. Für Normaldrücke aber, die kleiner als p_m sind, ist K wieder als konstant angenommen (s. Abschnitt IV, 2).

Nach dieser Annahme ist der Reibungsbeiwert μ_r kleiner als μ bei der Coulombschen Annahme.

3. Nach Hvorslev ist der Kohäsionsanteil K des Scherwiderstandes von der Porenziffer, die der Boden nach dem Abscheren hat, abhängig. Und zwar $K = \nu \cdot e^{-B\varepsilon}$ (s. Abschnitt IV, 3).

Der Reibungsanteil des Scherwiderstandes ist dem Normaldruck p, der in der Gleitfläche wirkt, proportional.

Der Winkel Φ_0, der diesen Proportionalitätsbeiwert als Tangente hat, wird als der wirksame Winkel der inneren Reibung bezeichnet (Abb. 44).

4. Der Scherwiderstand S bei den drei obigen Methoden ist durch die Scherbüchse zu bestimmen.

Jürgenson hat den Scherwiderstand durch seine Quetschversuche berechnet. Da bei diesen Versuchen keine weitere Verdichtung zustande kommen kann, ist der Scherwiderstand von dem Normaldruck in den Gleitflächen unabhängig. Der Scherwiderstand hängt nur von dem Verdichtungsdruck bei der Vorbereitung der Proben ab (s. Abschnitt V).

5. Beim Ausquetschversuch (auch beim Stempelversuch) ist es gelungen, die sich kreuzenden Gleitflächen sichtbar zu machen. Der kleine Winkel zwischen den Gleitflächen ist $\pi/2 - \Phi$, wobei Φ der Winkel ist, den die resultierende Kraft auf der Gleitfläche mit der Flächennormalen einschließt, also der Winkel der inneren Reibung. Die Versuche haben gezeigt, daß sich Φ mit dem Verdichtungszustand der Probe ändert (Abb. 39).

Da die Probe während des Versuches keine Zeit zur weiteren Konsolidierung hat, bleibt ε und damit der äquivalete Druck p_e konstant.

Die Scherversuche aller Art haben gezeigt, daß die Proben aus einer bestimmten Bodenart mit gleicher Porenziffer praktisch dieselben Scherwiderstände haben, die unabhängig von den Normaldrücken auf der Gleitfläche sind, weil die Differenz zwischen dem vorhandenen Normaldruck auf der Gleitfläche und dem äquivalenten Druck durch den Überdruck (oder Unterdruck) im Porenwasser aufgenommen wird.

Infolgedessen kann man annehmen, daß der Normaldruckanteil, der den Reibungsanteil des Scherwiderstandes hervorruft, gleich dem äquivalenten Druck ist. An dieser Stelle muß wieder betont werden, daß die Voraussetzung erfüllt sein muß, nämlich daß die Probe beim Ausbauen aus der Scherbüchse keine weitere Wassermenge aufsaugt und bis zum Ausquetschen keine Verdunstung vorkommt. Dann ist der äquivalente Druck gleich dem Verdichtungsdruck (s. Abb. 1).

Dann kann der Scherwiderstand durch die Formel

$$S = p_e \cdot \operatorname{tg} \Phi + K$$

ausgedrückt werden.

Da man S durch die Formel $S = P \cdot a/B \cdot L^2$ (s. Abschnitt V, 1) berechnen, Φ mittels Fließfiguren messen und q_e aus dem Druck-Wassergehaltsdiagramm finden kann, ist K mittels der obigen Formel leicht zu berechnen.

6. Nach den Versuchen ist die Beziehung zwischen dem Scherwiderstand und dem Wassergehalt, wie zwischen dem Normaldruck und dem Wassergehalt, logarithmisch (s. Abb. 40 u. 41).

Infolgedessen ist die Beziehung zwischen dem Scherwiderstand und dem äquivalenten Druck p_e:

$$S = e^{(a \cdot \ln p_e - b)}$$

(s. Abschnitt VIII, 3).

Wenn man die Beziehung zwischen Φ und Wassergehalt linear annimmt (Abb. 39 u. 45a), dann läßt sich die Kohäsion folgendermaßen ausdrücken:

$$K = e^{\gamma B_s (W_{s_1} - W)} - e^{\gamma B (W_{p_1} - W)} \cdot \operatorname{tg} [(\Phi_{wa} + m(W_a - W)].$$

Wenn der Winkel der inneren Reibung konstant und die Scherwiderstandskurve eine Gerade ist, dann geht der Ausdruck der Kohäsion in $K = \lambda \cdot e^{-B\varepsilon}$ über (s. Abschnitt VIII, 3).

X. Schrifttum.

1. Endell, K., W. Loos, H. Meischeider und V. Berg: Über Zusammenhänge zwischen Wassergehalt der Tonminerale und bodenphysikalischen Eigenschaften bindiger Böden. Berlin: Julius Springer 1938.
2. Fröhlich, O. K.: Druckverteilung im Baugrunde. Wien: Julius Springer 1934.
3. Hvorslev, M. Juul: Über die Festigkeitseigenschaften gestörter bindiger Böden. Danmarks Naturvidenskabelige Samfund. Kobenhavn, 1937.
4. Hencky, H.: Über statisch bestimmte Fälle des Gleichgewichtes in plastischen Körpern. Z. angew. Math. u. Mech. Bd. 3, Berlin 1923.
5. Jürgenson, Leo: The shearing resistance of soils. J. Boston Soc. Civ. Eng. July 1934.
6. — On the stability of foundation of ombankmonts. Proc. Int. Conf. Soil Mech. Found. Engg. June 1936.
7. Krey, H. D.: Rutschgefährliche und fließende Bodenarten. Bautechn., Heft 35, 1927.
8. Krey-Ehrenberg: Erddruck, Erdwiderstand und Tragfähigkeit des Baugrundes. Berlin: Wilhelm Ernst & Sohn 1932.
9. Krynine: Some shear phenomena in a loaded soil mass. Civ. Engng., Oktober 1933, Vol. 3, No. 10.
10. Loos, W.: Praktische Anwendung der Baugrunduntersuchungen. Berlin: Julius Springer 1937.
11. Malkwitz, A.: Schubfestigkeit loser und bindiger Bodenarten. Diss. TH. Hannover 1930, 12 S., 8° (vgl. auch Geol. u. Bauw. 1933, Heft 1).
12. Nadai, A.: Der bildsame Zustand der Werkstoffe. Berlin: Julius Springer 1927.
13. — Plasticity. Mc. Graw-Hill, Newyork 1931.
14. — Plastizität. Handb. d. Physik, Bd. 6, Berlin 1928.
15. Seifert, Z.: Untersuchungsmethoden, um festzustellen, ob sich ein gegebenes Baumaterial für den Bau eines Erddammes eignet. 1. Congres des grand Darrage, Stockholm 1933.
16. Seifert-Ehrenberg-Tiedemann-Endell-Hoffmann-Wilm: Bestehen Zusammenhänge zwischen Rutschneigung und Chemie von Tonböden? Mitt. Preuß. Versuchsanst. Wasserbau u. Schiffbau, Heft 20, Berlin 1935.
17. Terzaghi, K. v.: Erdbaumechanik auf bodenphysikalischer Grundlage. Wien: Franz Deuticke 1925.
18. — The mechanics of shear failure on clay slopes und creep of retaining walls. Public Roads, Dezember 1929.
19. — Resistance des fondation en faible profondeur. Premier Congrès de l'Association Internationale des Ponts et Charpentes, Paris 1932, S. 64.
20. — Die Coulombsche Gleichung für den Scherwiderstand bindiger Böden. Bautechn. 1938, Heft 26.
21. Walram, Arpad: An Investigation of Jürgensons Squeez-Test. Proc. Int. Conf. Soil Mech. Found. Engg. June 1936.

If you have any concerns about our products,
you can contact us on
ProductSafety@springernature.com

In case Publisher is established outside the EU,
the EU authorized representative is:
**Springer Nature Customer Service Center GmbH
Europaplatz 3, 69115 Heidelberg, Germany**

Printed by Libri Plureos GmbH
in Hamburg, Germany